中等职业学校创新示范教材

宠 物 美 容

杨 艳 主编

中国林业出版社
CFPH China Forestry Publishing House

图书在版编目(CIP)数据

宠物美容 / 杨艳主编. —北京 : 中国林业出版社, 2019. 10(2025. 1 重印)
中等职业学校创新示范教材
ISBN 978-7-5038-8218-0

Ⅰ. ①宠…　Ⅱ. ①杨…　Ⅲ. ①宠物－美容－中等专业学校－教材
Ⅳ. ①S865. 3

中国版本图书馆 CIP 数据核字(2015)第 250157 号

责任编辑　曾琬淋
出版发行　中国林业出版社
邮编:100009
地址:北京市西城区刘海胡同 7 号
电话:010－83143630
邮箱:jiaocaipublic@ 163. com
网址:http://www. cfph. net
印　　刷　北京盛通印刷股份有限公司
版　　次　2019 年 10 月第 1 版
印　　次　2025 年 1 月第 2 次印刷
开　　本　710mm × 1000mm　1/16
印　　张　10. 75
字　　数　188 千字
定　　价　58. 00 元

《宠物美容》编辑委员会

主　　编： 杨　艳
副 主 编： 董　璐　徐振振
编写人员： 董　璐（北京市园林学校）
马杨洋（北京市园林学校）
杨　艳（北京市园林学校）
徐振振（艾宠芯宠物美容培训学校）

前 言

“宠物美容”是根据中等职业学校宠物养护与经营专业学生就业岗位的典型职业活动直接转化而来的专业核心课程。本教材是北京市园林学校国家改革示范校建设系列教材之一。

教材依据北京市园林学校国家改革示范校建设编写的宠物专业教学指导方案和宠物美容课程标准，并参照国家相关法规、行业标准及行业职业技能鉴定规范编写而成。本教材的编写依据宠物养护与经营专业和中等职业学校学生的认知特点，结合宠物养护与经营专业的培养目标，兼顾知识性和应用性，按照理论知识“够用”和技能“先进、实用”的原则确定教学内容。在编写过程中突出“学中做”和“做中学”的理念，突出对学生基本职业能力的培养。

本教材按单元、任务模式编写，共分为 2 个单元 12 个任务。每个单元设有单元目标及考核内容，每个任务设有任务描述、任务目标、任务流程等。同一单元中做到过程相同、任务不同、侧重点不同，主题明确、逻辑清晰、结构完整。

本教材以完成不同犬、猫的美容工作任务为主线，将行业标准有机地融入教材内容当中，体现了职业性，突出了技能性。本教材通过知识链接呈现理论知识；通过过程描述与配图呈现过程性知识；通过操作技巧呈现隐性知识，体现出可读性和可操作性较强的特点。全书图文并茂、通俗易懂，具有较强的实用性和可操作性。本书既可作为中等职业学校宠物养护与经营专业的教材，也可作为宠物美容师培训教材以及宠物相关行业从业者的参考书。

本教材由从事中等职业教育教学改革的一线教师和具备一定经验的宠物美容师编写。主编为杨艳，副主编为董璐和徐振振。杨艳负责统筹全书的内容结构和编写进度，编写单元一的任务一、任务二和任务六，单元二的任务一、任务三、任务四、任务五、任务六；董璐负责编写单元一的任务三和任务五，单元二的任务二；徐振振负责单元二的任务一至任务五各种犬造型修剪实操，提供修剪图片；马杨洋负责编写单元一的任务四，提供单元一中的相关图片。

由于编者的经验和水平有限，书中不足之处在所难免，恳请广大读者和同行批评指正。

编 者

2019 年 5 月

目　　录

单元一
宠物基础护理

一、单元目标

知识目标：掌握宠物基础护理常用设备和工具的特点、用途及使用方法；掌握宠物基础护理中不同项目操作的正确固定方法；掌握宠物基础护理操作步骤和操作要求；掌握不同毛发类型犬基础护理的操作要点；熟悉宠物猫的基础护理操作要点。

能力目标：能正确选择宠物基础护理设备和工具；能正确使用宠物基础护理设备和工具；能正确固定宠物，完成基础护理操作；能独立完成不同毛发类型犬的毛发梳理和吹干拉直操作；能配合完成宠物猫的基础护理操作。

情感目标：培养团队合作精神和热爱宠物的职业精神；树立安全的操作意识、顾客至上的服务意识和节约成本的意识。

二、单元内容

1. 短毛犬基础护理
2. 中长毛犬基础护理
3. 长毛犬基础护理
4. 卷毛犬基础护理
5. 宠物猫基础护理
6. 包毛技术

任务一　短毛犬基础护理

短毛犬类型多样，被毛平滑、质硬或有光泽，虽然短毛犬的毛发不长，但是其基础护理也有其相应的操作要求。

【任务描述】

客户带着拉布拉多犬来到宠物美容店，希望给犬进行一次基础护理，宠物美容师按工作要求完成犬的接待和基础护理工作。

【任务目标】

1. 掌握接近犬和抱犬的方法，了解犬的安定讯号。
2. 掌握短毛犬基础护理需要的美容工具及使用方法。
3. 掌握短毛犬毛发的护理方法。
4. 初步掌握犬的基础护理流程。
5. 了解基础护理之前犬的健康检查内容和方法。

【任务流程】

犬的健康检查—被毛的刷理与梳理—清洗耳朵—清洗眼睛—修剪趾甲—洗澡—吹干—剃脚底毛

环节一：犬的健康检查

给犬进行基础护理前，一定要确认犬是否一切正常，如果发现有异常状态，即使是非常细微的异常也要立刻与客户进行沟通并加以确认，否则可能会引起纠纷。

【知识学习】

一、宠物美容概述

1. 宠物美容的含义

“宠物美容”一词最初的含义是“修剪”，是为了保证犬的日常健康及刺激其皮肤促进血液循环，驱除寄生虫并增强食欲。随着宠物美容的发展，现在的宠物美容除了最初的含义外，还指借助顶级的美容用品和精湛的修剪技法和染色技法增添美感，从而达到让犬和犬的主人身心愉悦的效果。

2. 宠物美容的目的

保持宠物的清洁，预防疾病，使宠物更加美丽；日常保健，按摩皮肤，促进血液循环；驱除体外寄生虫，经由清洁而促进皮肤新陈代谢；增强食欲。

3. 宠物美容师基本素养

(1) 爱心　不打犬，不伤犬，洗澡前建议犬多喝水等。

(2) 耐心　宠物美容的时间较长，如对毛发打结的犬，要耐心处理。

(3) 责任心　发现问题能及时与客户沟通。

(4) 自信心　基本功扎实，具备能够突出该犬种魅力美的表现力。能在理解犬种标准的基础上加以适度发挥。

二、接近陌生犬

根据犬的体型和特征，在接近犬的时候有不同的要求，以确保犬在进入宠物店后有一个良好的感受，也保证操作人员的安全。

1. 中小型犬

蹲下与犬平视，手握成拳，手背向着犬的鼻子。同时观察犬的眼神，防止其攻击。

2. 大型犬

如果有牵引绳，可以从客户手里接过牵引绳。然后弯下腰(不可蹲下)，手握成拳，手背向着犬的鼻子。也可以拍犬的胸部或头部。

三、安定讯号

犬生活在一个感官的世界里，能感受到视觉、嗅觉和听觉，它们对细节(瞬时讯号、细微行为变化和眼神转变)很敏感。群体动物对讯号极为敏锐，犬约有30种安定讯号，甚至不止这些，多数犬使用其中一些讯号，但有些犬的词汇惊人的多，讯号数目因犬而异。

安定讯号(calming signals)常用于预防，而非中断行为。它们用于早期预防，避免对人、犬造成威胁。安定讯号在犬感到紧迫或不自在时也用来安定自己，或用来使其他犬感到较有安全感。明白这些讯号显示的善意，也让犬能够与其他犬或人类成为朋友。在给犬进行基础护理操作、造型修剪和医疗检查操作过程中，能准确识别犬的安定讯号，对于了解犬的压力状态具有重要意义，能加强人与犬的沟通，确保操作过程中犬处于放松状态，保证操作人员安全。

犬的安定讯号种类及使用情景如下：

1. 打呵欠

犬在以下状况可能会打呵欠：有人朝着它弯下腰、发出生气的声音、家中有人破口大骂或争吵、在兽医院、有人直接冲着它面前走近时、当它开心期待处于兴奋状态时（如快带它出门散步时）、当要求它做一件它不想做的事时、当训练时间过长令它疲累时、当不让它去做某事而喊“不可以！”时，还有其他很多状况。

2. 舔舌

舔舌是另一个经常使用的讯号，比起毛色较浅、看得到眼睛及鼻吻长的犬，黑色的犬、脸部毛量多的犬和脸部表情不容易看得清楚的犬特别常用这个讯号。但是每只犬都可以出现舔舌，而且所有的犬都理解它的意义，无论它出现的时间有多短暂。

从犬的正面观察较易看得到它迅速舔鼻的小动作，最容易观察到这个讯号的方式是坐下来安静地观察，当学会观察这个动作之后，带它散步移动时也将能够观察得到。

有时它不过是快速地舔一下，人们几乎看不到舌尖伸出嘴巴外，而且为时极短，但是其他犬看得到，它们理解它的意义并尊重它，每个讯号都会获得另一个讯号的响应。

3. 转身或撇头

犬可能把头稍微偏一点、把头完全撇开，或做180°转身，完全背对它希望令之安定冷静的对象。

当有人径直走到犬面前时，它会以其中一个方式转身；当有人看起来生气、具攻击性或威胁它时，可以看到这些讯号的变化；当朝着犬弯下腰去摸它时，它会把头撇开；当训练过久或要求过难时，它会把头撇开；当它意外被吓到或吓到对方时，它也会迅速转身；如果有人瞪着它看或表现出威胁的行为时，它也会这么做。

多数时候，这个讯号将使其他的犬冷静安定下来，这种解决纷争的方式令人惊叹，所有犬都常使用这些讯号，无论犬的年龄和地位高低等。

4. 邀玩

如果犬游戏般地左右跳来跳去，那么它压低前脚、翘屁股的姿势可能是邀玩的行为。常见的是，犬站在原地表现出邀玩的姿势，用来使对方安定，这些讯号常具有双重意义，可能在许多不同状况下使用——邀玩行为本身通常即可作为安定讯号，因为犬使原本可能的危险情境转变为较轻松安全的状况。

当两只犬太过突然地接近对方时，常看见它们出现邀玩姿势，这是个很容易观察到的讯号，因为它出现时犬会保持姿势几秒钟，所以有时间进行观察。

5. 嗅闻地面

嗅闻地面是经常使用的讯号，经常可在一群幼犬中观察到这个行为，以下其他状况也常见：带犬出去散步时有人接近、环境纷扰、周遭吵杂、某样东西令犬觉得不确定或害怕时。嗅闻地面的行为可能只是犬迅速低头嗅地面又抬头的动作，也可能持续贴地嗅闻数分钟。

当然，犬本来就常嗅闻，目的是获得讯息，它们天生就爱使用鼻子，嗅闻是它们最爱的活动，然而有时这个行为具有安定的作用——这视情况而定，所以必须留意犬嗅闻发生的时间和情境！

6. 缓慢行走

快速的动作对许多犬都具有威胁性，它们可能会设法阻止对方再跑，这种行为有一部分属于狩猎行为，由人们或犬跑步而引发。如果迅速移动的事物朝着犬而来，对于犬是种威胁，犬的防卫机制将会启动。

没有安全感的犬将会缓慢移动，如果想让犬感到安全一点，可以缓慢地移动。当看见犬发出安全讯号时，应该马上以缓慢移动作为响应。

7. 僵住不动

僵住不动的行为是当犬站着、坐着或趴着时，突然停住，完全一动也不动，这应该与狩猎行为有关——当猎物奔跑时，犬攻击，当猎物停下来时，犬也会停下来，在犬追逐猫时常可看到这种行为。

然而，犬在多种情境下也会出现这种行为，当人类生气、出现攻击性且看起来有威胁性时，犬常僵住不动，目的是希望人类能和善一点。另外，在其他情境下，犬可能会缓慢行走、僵住不动，然后再继续缓慢行走，许多饲主相信他们的犬非常服从，因为它们像雕像一样地坐着、趴着或站着不动，其实这或许就是安定讯号。

当有人接近时，如果犬在这种情况下想要停下来或缓慢移动，请让它这么做。此外，当犬遇到与人(或其他犬)冲突的情境而且无法逃开时，僵住不动可能会是用来安定对方的讯号之一。

8. 坐下/举起前脚

坐下以及更强烈的讯号(坐下加上背对某人，如饲主)具有很强烈的安定作用，当犬希望其他迅速接近的犬冷静一下时常会这么做，当饲主听起来太严厉或生气时，犬也可能会坐下来背对他。

9. 绕半圈行走

这个讯号常被用作安定讯号，它可能是犬被迫直线接近对方而反应剧烈的主要原因，犬的本能告诉它用这种接近方式是不对的，但饲主却不这么想，犬变得不安，想防御，于是它看见其他犬时又吠叫又冲跳，最后成为具有攻击性的犬。

如果给犬机会，它们接近对方时会采取绕半圈的方式。当它们没有被牵绳拴住，可以自由行动时，它们就会这么做。

因此，请不要径直接近其他犬，绕半个圈再接近。犬越不安越具有攻击性，绕的圈就需要越大。

10. 微笑

当犬咧嘴时嘴角向上拉到底，或者露齿笑。

11. 摇尾巴

当犬出现焦虑不安、意图使对方安定或其他显然和开心无关的讯号时，摇尾巴便不是开心的表征，而是它想使你冷静安定的讯号。

12. 尿在自己身上

当犬蜷缩低伏在地上爬向饲主，边小便在自己身上还边摇尾巴时，是一种安定讯号。

13. 装幼犬

把脸部变圆变平滑，把耳朵压平。犬大概认为没有人会伤害幼犬。

14. 肚皮贴地式趴下

这与躺下翻肚的顺服姿势无关，这是个安定讯号。

15. 混合运用的安定讯号

例如，犬可能在小便的同时也背对着某事物，惹人厌的青春期犬即可能出现这个明显的安定讯号。

四、与犬沟通交流的要求

客户进店时，要让客户感觉服务专业，关注犬应做到以下几点。

①进店时，可以先和犬打招呼，再与客户打招呼。问清犬的年龄、性别。一定要记住犬的名字。

②在接触犬时，一边与客户说话，一边检查一下犬是否健康。主要看犬走路的姿势，犬的耳朵、皮肤、眼睛、鼻子、肛门附近是否有异常。

③不管来的犬有多么难看都不能说犬不好看，而要夸奖它。

④一定要优先以犬为主，在做美容时，要随时与它说话并观察它的反应。

五、与犬主人沟通交流的要求

①当客户带犬来店时，要先与犬打招呼并夸奖它，再与客户打招呼。

②在给犬做美容前，如发现犬的健康问题要仔细告诉客户。

③提前与客户谈好美容价格，并问清客户姓名和电话，以便随时找到客户。

④在美容过程中发现问题要随时告诉客户。

⑤如果客户没留下电话，客户来接犬时，一定要将美容过程中发现的问题告诉客户。

⑥当犬不合作时，可以让客户帮忙把犬抱到美容台上，或在美容过程中帮忙控犬。

六、抱犬姿势

抱犬要根据犬的体型和特点采取不同的方法，要确保人和犬都舒适，不伤害犬，同时也保证美容师操作时的安全。

1. 抱中大型犬

①一只手从犬的胸前伸过，扶住犬的肘部环抱住犬的前身，另一只手从犬的臀部后方伸出环抱住犬的后腿，手扶在犬的大腿根部，然后用力将犬抱至前胸（图 1-1-1）。

②一只手从犬的胸前伸过，扶住犬的肘部环抱住犬的前身，另一只手从犬的腹部向另一侧伸出，用力将犬托起。

2. 抱小型犬

①一只手抓住犬的背颈部，另一只手托住犬的腹部，把犬抱入怀中。

②一只手握住犬的胸部，另一手放在犬的臀部底下抱起犬（图 1-1-2）。

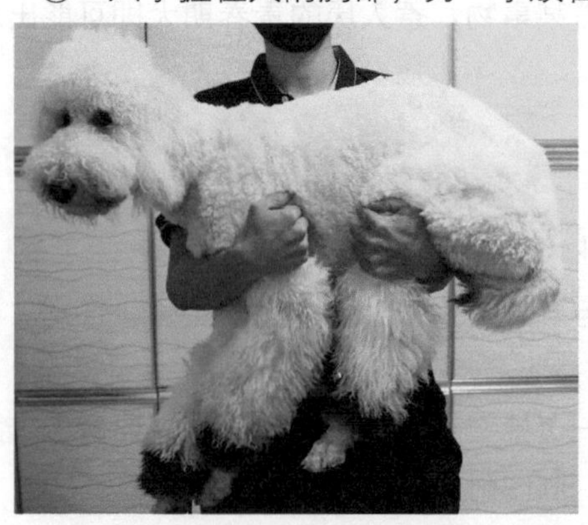

图 1-1-1　抱中大型犬的姿势

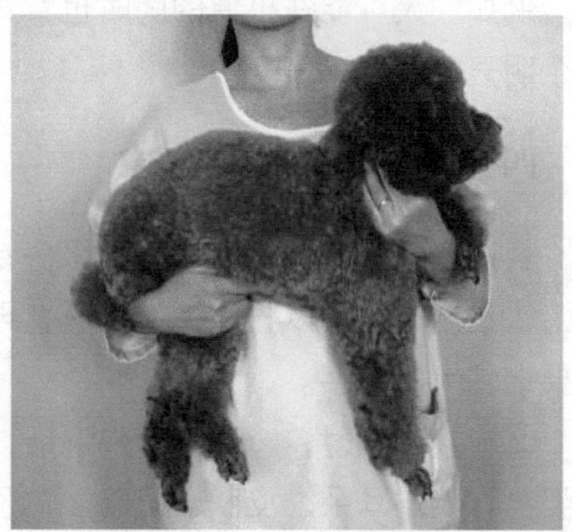

图 1-1-2　抱小型犬的姿势

3. 从笼中抱犬

①打开笼门后，伸出一只手握拳，慢慢伸到犬面前，让犬嗅你的手，如果它无攻击行为，就可以慢慢将犬拉出，抱至怀中。

②打开笼门后，如果犬有攻击性，不要伸手去拉它，而是要拿一根犬绳，做一个活套，一边让另一个人吸引犬的注意力，一边快速将活套套在犬的脖子上，慢慢将犬拉出。一只手拉紧绳子，另一只手快速抱住犬的腰部，将犬抱起。在操作中，应避免错误的抱犬姿势(图 1-1-3)。

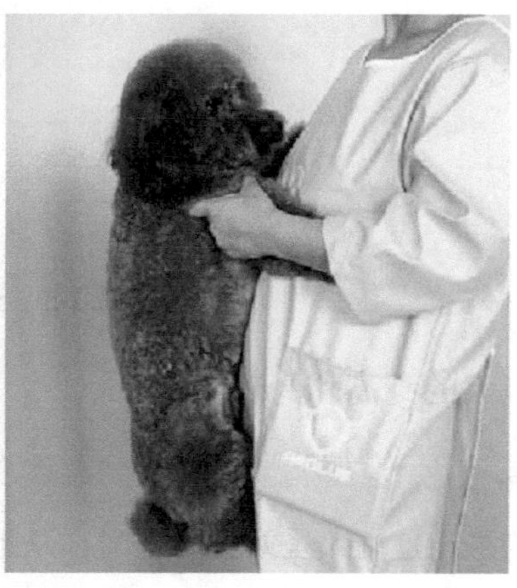

图 1-1-3　从笼中抱犬

七、犬的解剖结构

1. 犬全身各部位名称

见图 1-1-4。

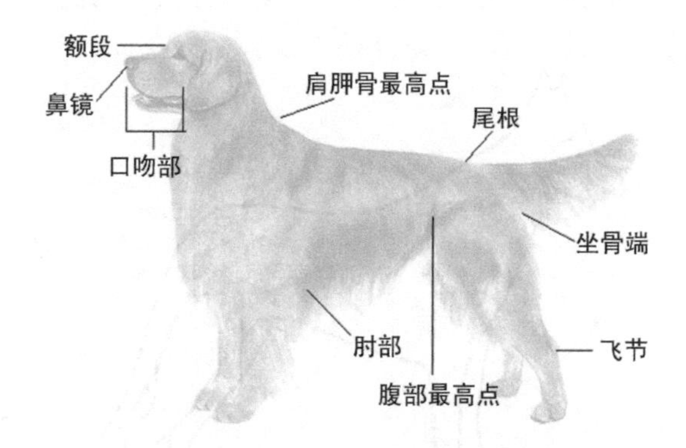

图 1-1-4　犬全身各部位名称

2. 犬全身骨骼

见图 1-1-5。

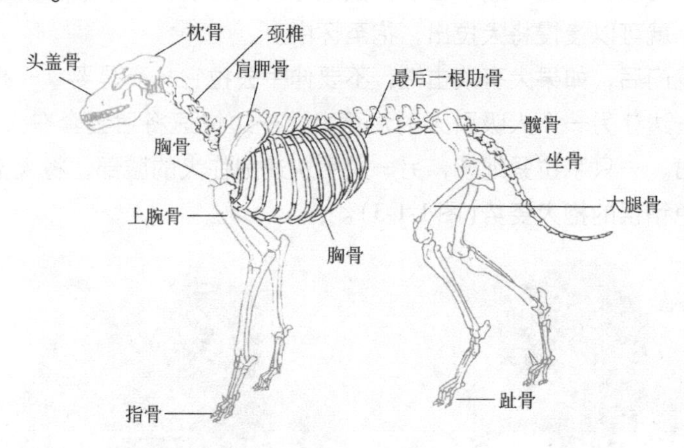

图 1-1-5 犬全身骨骼

八、犬的身高和身长

1. 身高

犬的身高是指犬呈站立姿势时，从地面到肩胛骨最高点处的高度，如图 1-1-6 的 A 点到 B 点。测量身高时让犬自然站立，前肢平行于垂直线，测量从肩胛骨顶端到地面的垂直距离。通常对于长毛犬身高指的是“压毛后的实际高度”。

2. 身长

犬的身长指前胸(上腕骨顶端)到坐骨末端的长度，如图 1-1-6 的 C 点到 D 点。测量身长时，让犬自然站立，从肩胛节前缘量至坐骨突起的位置。

通常说到一只犬的骨骼比例，都会提到身高和身长的比例。身高和身长的测量如图 1-1-6 所示。

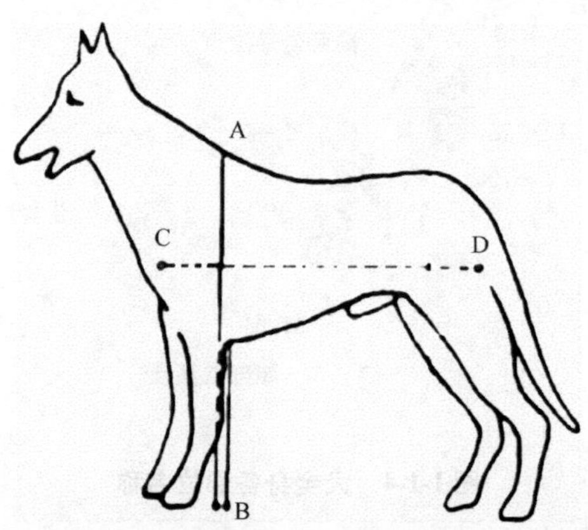

图 1-1-6 犬身高和身长的测量

九、健康检查

1. 体检内容

①体况：查明有无呕吐、痢疾、口水等。

②皮肤：身上有无死皮、湿疹、皮肤发红等异常情况。

③耳朵：耳内是否脏污、发炎、肿胀，有无耳垢等。

④眼睛：检查眼睛的颜色及周围的情况，有无眼屎或受伤等。

⑤呼吸：细心倾听有无呼哧呼哧的喘息声或咳嗽声。

⑥触摸：触摸犬的全身，注意其是否有疼痛感及发怒的情况。

2. 健康犬的特征

①外观：犬的外观是指犬的被毛、皮肤、眼、耳、口、鼻、舌、肛门及公犬的阴茎和母犬的阴道等器官。

②被毛：毛顺而不逆立，有光泽，疏密均匀，无掉毛区。

③皮肤：手感有弹性，无皮疹和结节，常隆凸或凹陷，无肿瘤和疥，无脓皮病，皮屑少，无瘙痒，无体外寄生虫。

④眼：明亮有神，角膜无损伤和溃疡，透明并呈一定的隆凸度；虹膜结构正常、纹理清晰，眼房液不浑浊，晶状体和玻璃体透明；眼底清晰，无血管增生，不突起，无出血点；结膜颜色正常，无增生的血管；眼液分泌正常，分泌物少，视力正常。

⑤耳：灵敏、听觉正常，无褐色带异味的分泌物；耳部无痛感；耳壳皮肤无瘙痒，无掉毛和皮屑。

⑥口：口腔黏膜呈粉红色，黏膜完整，无溃疡、无流涎、无异味；牙齿整齐，牙龈不红肿、无结石，不松动。

⑦舌：活动自如，黏膜不增厚，颜色为粉红色，也有个别的犬呈蓝紫色（如松狮）。

⑧鼻：鼻镜湿而凉，无破溃，黏膜不充血，鼻液少，无浓鼻液或鼻卡他。

⑨肛门：干净、无腹泻迹象，肛门腺分泌正常，不红肿，排便通畅。

⑩生殖器：公犬阴茎不红肿，皮肤无浓性分泌物，尿液颜色正常；母犬阴道无异常分泌物、无异味，阴蒂和阴唇不增厚、不瘙痒，无异常色素变化。

⑪体温：犬的体温一般在 37.5 ~ 39.0℃。

⑫呼吸：犬的呼吸一般在每分钟 10 ~ 30 次，但有变化。例如，当犬熟睡时，呼吸深重而均匀；当犬运动后或天气闷热时，犬的呼吸浅而快，这与肺功能及环

境变化有关。

⑬心跳：健康的犬心跳次数在每分钟 70～120 次，只有当犬患病、心脏功能异常时心跳次数才有所变化。犬在全身麻醉状态下，心跳次数会下降，是麻醉作用的结果。

【技能训练】

1. 所需用品

体检表、体温计、听诊器、伊丽莎白圈、牵引绳。

2. 内容及步骤

①观察犬进入宠物店时的状态，观察犬是否紧张、有压力。按照前面所述接近陌生犬的方法接近犬。

②从客户的手中接过犬，同时询问客户的要求，确定美容护理项目。

③准备检查所需用品，根据犬的健康检查表，按照检查内容完成检查项目，填写检查报告单(表 1-1-1)。

表 1-1-1 检查报告单

主人姓名：	动物名字：	检查日期：
品种：	性别：	年龄：
上次接种疫苗时间：		体温：
性格：		
1. 皮肤和被毛 □正常 □暗淡无光/干燥 □红斑 □瘙痒 □脱皮 □感染 □打结 □肿瘤 □跳蚤感染 □掉毛 □色素沉着 2. 眼睛 □正常 □有分泌物 左____右____ □发炎 左____右____ □眼睑畸形 左____右____ □感染 左____右____ □其他________	3. 耳朵 □正常 □发炎 □瘙痒 □耳螨 □毛发过多 4. 鼻子 □正常 □鼻道有分泌物 □其他________ 5. 口腔、牙齿、牙龈 □正常 □牙齿断裂 □牙结石 □牙龈发炎 □牙龈肿胀 □牙齿脱落 6. 心脏 □正常 □心跳慢 □心跳快 □其他________	7. 腿和爪子 □正常 □跛行 左前____右前____ 左前____右前____ □趾甲过长 □关节问题 □脚或毛发变色 8. 呼吸 □正常 □咳嗽 □呼吸困难 □呼吸急促 □其他________ 9. 泌尿生殖系统 □正常 □排尿异常 □生殖器有分泌物 □睾丸异常 □乳腺异常 □肛门腺肿大
宠物主人签字确认：		

注：该检查结果只代表当日检查情况，如有任何变化以当日检查结果为准。

3. 注意事项

①注意观察犬进店时的状态，尽量不要让犬紧张、有压力，以便接下来的健康检查和基础护理等操作顺利进行，确保美容师的安全。

②按照检查表要求，认真检查犬的健康状态。

③及时将检查结果与客户沟通，在基础护理前犬身上出现的伤口或问题，要提前告知客户，并签字确认，以免客户认为是在护理过程中造成的伤害。

④在整个过程中要随时观察犬发出的各种安定讯号，判断其压力状态，避免犬的压力升级，发生攻击行为。

⑤遇到下列情况的犬不能进行基础护理操作：未做好防疫的幼犬；处于发情期的母犬；初到新家的犬；生病的犬（感冒、流鼻涕），在犬康复后10～15天才能洗澡。

环节二：被毛的刷理与梳理

【知识学习】

一、犬被毛类型

犬身上的主毛和次毛都是有髓毛发，主毛也称为被毛或护毛，次毛也称为底毛。犬的被毛根据长短及特点，主要有短毛、中长毛、长毛、刚毛（硬毛）和卷曲毛，另外，还有其他珍奇的毛型，如全身几乎没毛的犬、毛揪成一团的犬。

犬每年春、秋季各换一次毛，每次换毛需4～6周，新毛在3～4个月长好，但有的犬终身不换毛。犬在换毛时，每天应梳理2次。长毛犬一年四季都会掉毛；家养犬尤其是短毛犬的换毛，可能还与室内温度、人工光照及饮食有关。

二、短毛犬的毛发护理特点

短毛犬的毛发护理方便，只有梳理和刷洗及定期洗澡等操作，没有剪短、修理、定型等基本操作。对短毛犬可以经常进行毛发梳理，因为梳理会刺激皮肤分泌油脂，防止脱毛、变脏和滋生寄生虫。

三、短毛犬常见品种

常见的短毛犬品种有吉娃娃（短毛）、中国沙皮犬、牛头梗、斗牛獒犬、拳师犬、波士顿梗、比格猎犬、巴吉度猎犬、大麦町犬、腊肠犬、德国短毛波音达犬、灵缇、意大利灵缇、惠比特犬、八哥犬、罗威纳犬、威玛猎犬、美国猎狐犬、迷你杜宾犬、拉布拉多猎犬、大丹犬、玩赏猎狐梗、法老王猎犬、短毛猎狐梗、德国杜宾犬。

四、常用设备和工具

1. 美容桌

美容桌是宠物美容的必需用具，其大小应根据宠物的体重决定。美容桌由桌面、桌板、包边、桌腿和吊臂组成(图 1-1-7)。美容桌有液压型和普通型两种。

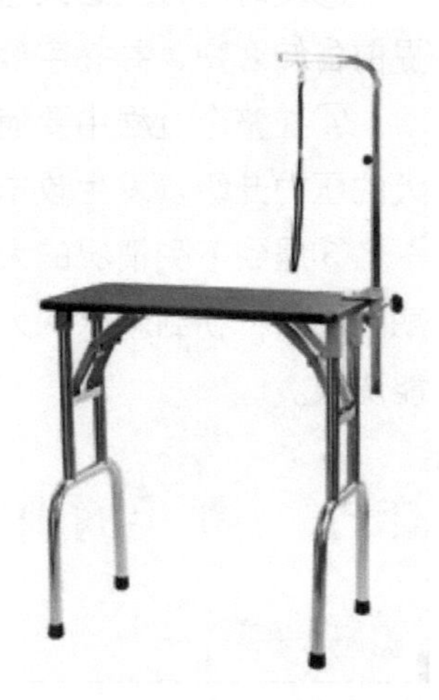

图 1-1-7 美容桌

美容桌的选择应符合以下条件：稳定且坚固，设备的下方要平稳，不能晃动；台面要有防滑、防水桌面，以防止犬从台上滑下去；用来固定宠物的支架要牢固，能承受犬的拉扯；美容桌高度应以使用者感到舒服为标准。

美容桌分为大、中、小 3 种型号。小号美容桌的长、宽、高分别为 76cm、45cm 和 80cm，能承重 100kg；中号美容桌的长、宽、高分别为 95cm、60cm 和 75cm，能承重 150kg；大号美容桌的长、宽、高分别为 120cm、60cm 和 65cm，能承重 180kg。

2. 美容桌配套用具

(1) *美容桌升降椅*　升降椅高低升降幅度可达 15cm，可配合美容桌高低调整，方便修剪宠物背部和四肢的毛发。同时，升降椅带有能 360°旋转的万向轮，移动灵活方便。升降椅可以起到降低宠物美容师患职业病的概率，缓解美容师因站立工作的疲劳和痛苦，提升美容效率和效果的作用。

(2) *美容桌吹水机支架*　可搭配各种美容台使用。橡皮头夹子要求可夹住所有规格的吹水机软管。软管应坚韧耐用，定位准确，各个角度、高度都能固定使用。

(3) *美容桌电吹风支架*　可搭配各种美容台使用，支架可夹住所有规格的电吹风。可以释放双手，便于双手梳理宠物毛发。软管应坚韧耐用，定位准确，各个角度、高度都能固定使用。

(4) *美容桌置物托盘*　可避免宠物踢掉或撕咬放在美容桌上的工具及用品。可安装在小号美容桌下部支架上，起到防止工具、用品和杂物滑落，使美容室美观、整齐，以及提高工作效率的作用。

3. 刷子

(1)用途　用于短毛犬的日常护理，可去除毛屑及杂毛，促进毛发的新陈代谢，经常使用可以使被毛变得光滑亮泽。

(2)种类

①金属针型：半球形的胶板充满空气，梳理时针尖伸缩自如，多用于被毛需要经常护理的宠物，以及吹风干燥、打散毛发的护理。好的金属针毛刷需要有弹力，松紧适度，不易缩针，针尖经过钝化处理，握把以木质为宜。

②兽毛型：又称鬃毛刷，柔性好，不伤毛，适用于短毛犬的皮肤按摩和长毛犬的被毛上油。该毛刷的材料以猪鬃为最佳。

③尼龙毛型：与兽毛刷用途基本相同，且价格低廉，但易产生静电，引起被毛打结，所以适合于宠物沐浴时使用。

④橡胶粒型：适用于宠物沐浴时或短毛犬去除死皮时的被毛梳理。

⑤手套型：用于去除底毛或给外层被毛增亮。

各种类型的梳子如图 1-1-8 所示。

图 1-1-8　各种类型的梳子

(3)用法

①带柄刷：用右手轻轻握住梳柄，食指放于梳面背部，用其他 4 个手指握住刷柄。放松肩膀和手臂的力量，利用手腕旋转的力量，动作轻柔。

②不带柄刷：将手伸入刷面背部的套绳内。

【技能训练】

1. 所需用品

美容台、鬃毛刷、橡皮刷、消毒液。

2. 内容及步骤

①准备好被毛刷理和梳理需要的用品。

②将犬抱上美容台，用牵引绳将其固定好，以便于操作。固定的方法有以下两种。第一种是将犬放在美容台上，一只手扶住犬，另一只手将做成活套的犬绳套过犬的头部并同时套过犬的一只前爪(图 1-1-9)。第二种是将犬放在美容台上，一只手扶住犬，将犬绳套在犬的腰部(图 1-1-10)。

注意：美容师在离开美容台之前，一定要将犬绳拴在犬的前身，并要让犬绳垂直于美容台上。

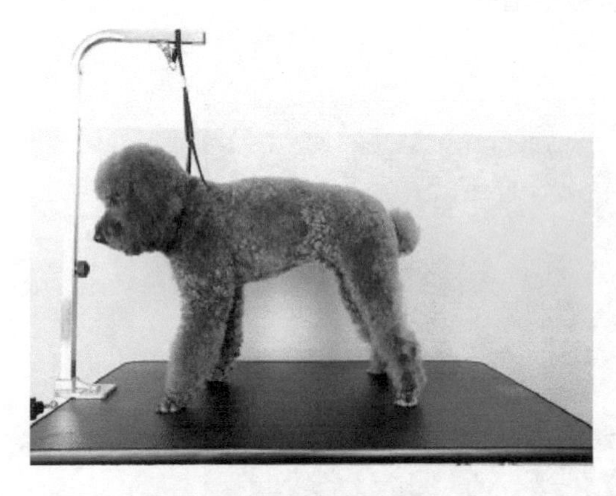

图 1-1-9　犬的固定方法一

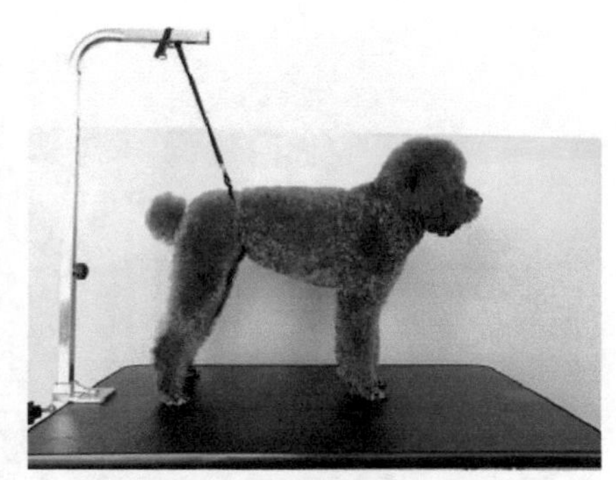

图 1-1-10　犬的固定方法二

③用鬃毛刷、橡皮刷按照刷理的顺序，将全身被毛刷理通顺。从犬的左侧后肢开始，从下向上，从左至右，依次刷理后肢—臀部—身躯—肩部—前肢—前胸—颈部—头部，将犬被毛上的死发和灰尘刷理掉。一侧刷理完毕换另一侧，最后刷理尾部。注意：刷理肩部时不要忽略腋窝部位。

3. 注意事项

①刷理时应使用专门的工具，不可以用人用的刷子。

②刷理的时候要注意刷遍犬的全身，包括腿和尾巴。

③刷理时动作应柔和细致，不能粗暴蛮干，否则犬会有疼痛感，尤其在梳理敏感部位(如外生殖器)附近的被毛时要特别小心。

④注意观察犬的皮肤，清洁的粉红色为良好，如果呈现红色或有湿疹，则有寄生虫、皮肤病、过敏等可能性，应及时治疗。

⑤在刷理被毛前，若能用热水浸湿的毛巾先擦拭犬的身体，被毛会更加亮。

⑥因为短毛犬皮肤易过敏，所以给短毛犬洗澡不要过于频繁。

⑦美容师在工作过程中应佩戴口罩，完成任务后应及时洗手。

环节三：清洗耳朵

【知识学习】

一、耳朵的组成

犬的耳朵由外耳、中耳和内耳组成。犬的外耳道不像人耳呈水平向，而是近乎直立地向外延伸（图 1-1-11）。外耳有立耳、垂耳、半立耳等各种形态，其中立耳比垂耳的听觉更加敏锐。由耳朵接收的声音经过外耳道传达给骨膜，再由中耳附近的小骨传达给内耳，由蜗牛状的有毛感觉细胞接收，转换成信号后通过听觉神经传达给大脑。

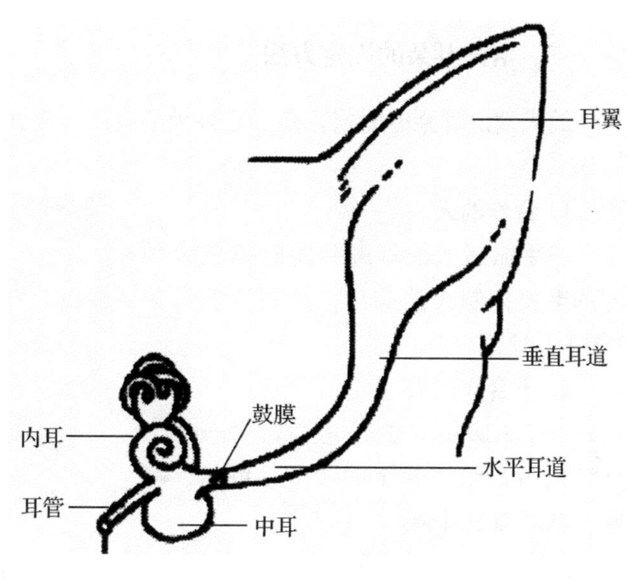

图 1-1-11　犬耳朵的构造

人类的耳朵可以听到 16～20Hz 的低音到 20 000～25 000Hz 的高音，而犬可以听到 38 000Hz 的高音。人类一般只能辨别 6 个方向的声源，而犬则可以辨识 32 个方向的声源。

1. 外耳

外耳包括耳廓和外耳道。外耳是一个软管结构，由肌肉和皮肤覆盖，形成一个能动的耳廓，耳廓像一个雷达天线，瞄准声音发源地。耳廓通向耳道，耳道是很细的皮肤覆盖的软骨管，起初垂直，然后水平。耳道末端是很薄的鼓膜。外耳主要为中耳选择声音。犬的耳朵大小不一，形态多种多样，几乎各种犬都有自己独特的耳朵形态。

2. 中耳

中耳包括鼓膜、鼓室和听觉管。中耳是一个共振腔，声音冲击耳鼓，引起它的振动，因此引起小骨片(锤骨、镫骨和砧骨)通过杠杆作用，在鼓膜腔振动。这个机制把声音传给内耳并扩大，同时还要抑制其严重的振动，因为小骨片的运动范围有限。

3. 内耳

内耳由耳蜗(听觉器)和前庭(平衡器)组成，这两部分有不同的功能：耳蜗把声波变成神经信号，并通过听觉神经将信号传给大脑；平衡器内含有小茸毛，能察觉头的位置，使身体产生平衡感。

二、清洗耳朵的固定方法

给犬清洗耳朵的时候，要固定好犬的头部。根据犬的表现，采取不同的固定方法。

1. 合作的犬

左手抓起犬的耳廓并同时抓住犬颈部的毛发控制犬的头部，然后清洗耳朵(图1-1-12)。

2. 不合作的犬

一个人吸引犬的注意力，另一个人从犬的身后给犬套上防咬圈、绷带、嘴套，然后清洗耳朵。

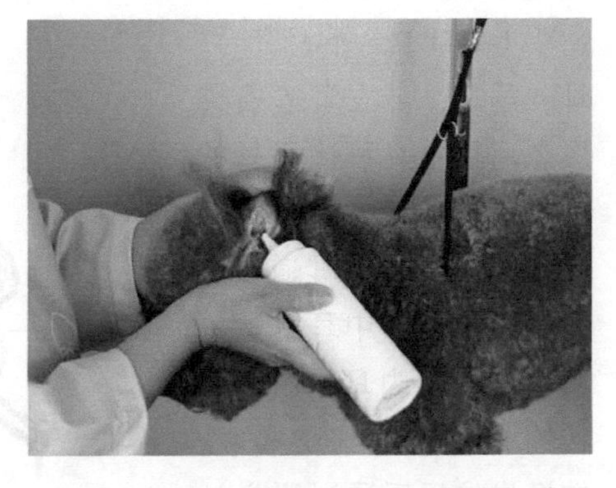

图1-1-12　清洗犬耳朵的方法

【技能训练】

1. 所需用品

洗耳液、脱脂棉、弯头止血钳。

2. 内容及步骤

①按照清洗耳朵的要求，固定好犬的头部。

②将洗耳液倒入犬的一只耳朵，轻轻揉搓，然后放开，让其甩头。

③用脱脂棉将甩出的耳垢擦干净。

④如果耳朵内还有耳垢，借助弯头止血钳，在弯头止血钳上卷上脱脂棉将其

清理干净。

3. 注意事项

①犬不太喜欢清洗耳朵，所以动作要迅速。

②不能用木质棉签去清洗耳朵，防止棉签棒断裂留在耳朵里出不来，引起发炎。

环节四：清洗眼睛

清洗眼部的异物和脱落毛发，在洗澡前对眼睛进行保护。可能的话，在修剪完成后再滴两滴洗眼液，起到保护眼睛的作用。

【知识学习】

一、清洗眼睛时的固定方法

清洗眼睛时，要确保犬的头部不动，眼睛睁开。根据犬的配合程度，有两种固定犬的方法。

1. 合作的犬

一只手抓住犬下颌处的毛，控制好犬的头部，另一只手操作(图 1-1-13)。

2. 不合作的犬

一只手抓住犬下颌处的毛，控制好犬的头部，另一只手操作。在犬乱动时控制犬的那只手不要动，不要松手，观察犬的表现，让犬放松，在犬不动时，迅速操作。

图 1-1-13 清洗犬眼睛时的固定方法

【技能训练】

1. 所需用品

2% 的硼酸溶液、脱脂棉、滴眼液、眼药水。

2. 内容及步骤

①准备好洗眼液和脱脂棉。

②按照清洗眼睛的要求，一只手固定好犬的头部，另一只手拿着眼药水或滴眼液放在眼睛后上方，趁着犬眼睛睁开时，迅速将滴眼液或眼药水滴入眼球，每次滴 1 ~ 2 滴。

③用湿棉球将眼内及周围的脏物擦干净。

3. 注意事项

①清洗眼睛时，要固定好头部，动作要迅速。

②滴眼液的滴管尖不要靠眼球太近，防止扎到眼球。

环节五：修剪趾甲

【知识学习】

一、犬趾甲护理的必要性

中型犬经常在粗糙的地面上跑动，能自动磨平长出的趾甲，如狼犬；而小型犬很少在粗糙的地面上跑动，磨损较少，犬的趾甲会长得很快，使抓地不稳，在行动的过程中会打滑、摔倒，严重的可能造成骨折等问题。趾甲过长会使犬有不舒适感，趾甲会成放射状向脚的内侧生长，甚至会刺进肉垫里，给犬的行动带来很多不便，同时也容易损坏家里的家具、地毯等物品，有时过长的趾甲会劈裂，易造成局部感染。此外，犬的拇指已退化成脚内侧稍上方处的飞趾，俗称"狼趾"。"狼趾"的趾甲不和地面接触，这样很容易生长，如果不进行定期修剪会妨碍犬行走，也会容易刺伤犬。

二、修剪趾甲的固定方法

修剪趾甲时，要确定将犬固定好，防止在剪趾甲时不小心剪到血线，剪出血。修剪趾甲的固定方法与剃脚底毛的固定方法相同。根据犬的体型大小采取不同的方法。

1. 小型犬的固定方法

①剪前脚趾甲：一只手夹住犬的肘部并拿起犬的前肢，另一只手操作（图1-1-14）。

②剪后脚趾甲：一只手夹住犬的腰部并拿起犬的后肢，另一只手操作（图1-1-15）。

③躺剪法：先放松犬绳，一只手从犬的肩部伸出，握住犬的两条前腿，另一只手从犬大腿根部伸出，握住犬的两条后腿，将犬靠向自己的身体，双手握住犬的四肢向前下方用力，身体同时向下倾斜并将犬压倒在美容台上，先安抚犬，待它安静下来再操作。

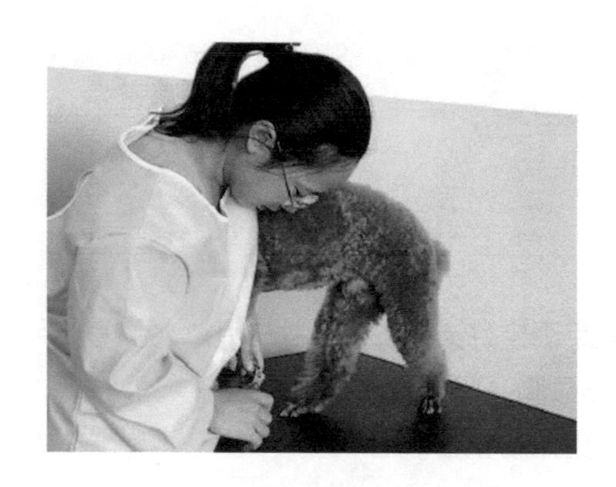

图 1-1-14　剪犬前脚趾甲的方法

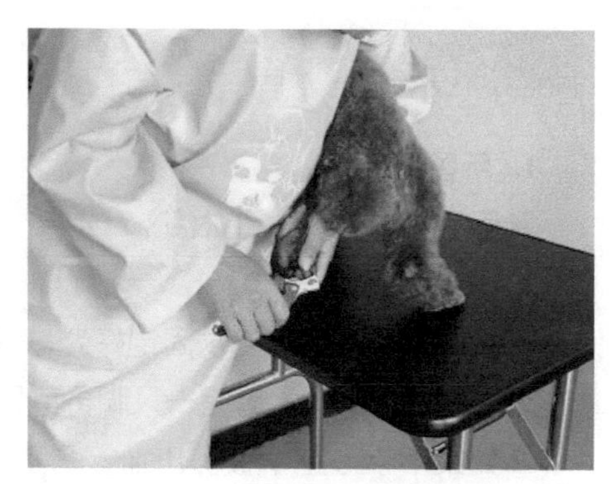

图 1-1-15　剪犬后脚趾甲的方法

2. 大中型犬的固定方法

直接抬起犬的脚来剪，如果犬不合作可以将犬放躺下来剪，注意要轻轻地将犬放躺在美容台上，不要摔犬。如果犬的趾甲不长，可以直接锉。

三、常用设备和工具

1. 趾甲钳

（1）用途　用于宠物的趾甲修剪（图 1-1-16）。

（2）种类

①大号趾甲钳：采用精钢锻造，刃口锋利耐磨。能轻易剪断直径3mm 的钢丝；适合修剪各类大、小型犬及猫的趾甲。

②小号趾甲钳：采用精钢锻造，外形美观耐用，手感轻巧；符合人体工学，舒适耐用，刃口锋利，另有安全锁片，有效防止修剪过度而剪伤宠物，适合修剪小型犬的趾甲。

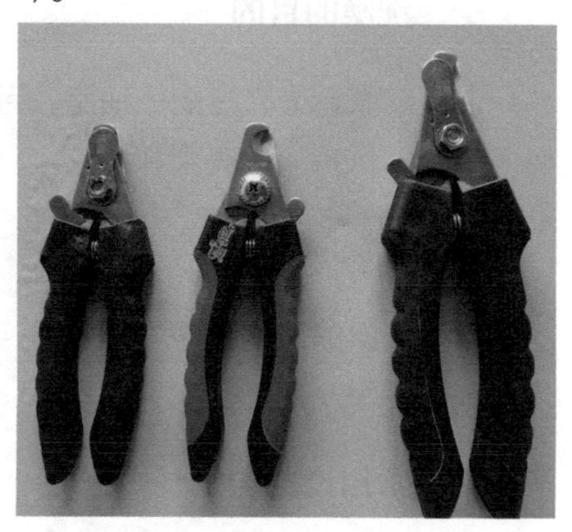

图 1-1-16　趾甲钳

2. 趾甲锉

用于打磨宠物的趾甲，消除剪后的粗糙和毛刺，防止抓伤主人。此外，如果担心修剪趾甲会使宠物受伤，可以直接用趾甲锉慢慢锉平趾甲。

3. 止血粉

用于剪趾甲流血时迅速止血。

【技能训练】

1. 所需用品

趾甲钳、趾甲锉、止血粉。

2. 内容及步骤

①按照修剪趾甲的要求固定好犬，一只手固定好犬并拿起犬的一只脚，另一只手拿住趾甲钳进行操作。剪完一只脚再剪另一只脚，从前到后或从后到前进行操作。

②如果不小心趾甲被剪出血，马上用止血粉止血。

3. 注意事项

①修剪趾甲时，不要把犬的脚抬得太高。

②趾甲被剪出血后，及时用止血粉止血。

环节六：洗澡

【知识学习】

一、洗澡的目的

刺激皮肤，去除过剩的油脂、污垢和细菌。洗去坏死的毛发、皮屑、寄生虫以及粪便，保持犬的美观和清洁。

二、洗澡的频率

给犬洗澡的时间间隔取决于犬毛的质地、颜色以及其生活地区的温度和湿度。一般夏季一周洗一次，冬季10～15天洗一次。

三、常用设备和工具

1. 香波

犬的毛发和皮肤为弱酸性，其pH值为5～7，而人的毛发和皮肤为弱碱性，因此，不可使用人用的香波给犬洗澡，因为犬需要酸性的香波以保持毛发及皮肤的健康。下面介绍几种特效香波。

(1)种类

①干洗香波：干洗香波是一种不需要使用清水，利用碳酸镁和硼酸砂等粉末粒子的吸附洗净功能而制成的溶剂。它的作用仅限于为还不能入浴的幼犬和白色

被毛较多的犬种进行暂时的局部清洁。但是，这类产品若残留在皮肤上会造成皮肤疾病，所以使用这类产品要有相当熟练的技术，不可使香波残留到皮肤上。

②药用香波：药用香波是专门为患有皮肤病或者皮肤比较脆弱的犬种生产的药浴剂。有些香波液还掺有去除跳蚤、扁虱的除虫剂。为了配合药物的性质，多数产品呈弱酸性，所以不能过于期待它们的去污能力。也有许多产品添加了硫黄化合物，不仅具有杀菌效果，同时还能起到软化皮肤表面的角质层、去除皮垢的作用。但如果频繁使用，会使皮肤变得粗糙，出现更加严重的皮屑现象。所以，应该按照产品的说明书来决定使用频率和清洗方法。

③漂白香波：这种香波里面含有漂白成分，会给被毛造成想象不到的损害，因此应避免频繁、连续地使用。同时由于碱性较强，需要加入护毛剂进行中和。如果用于白色被毛以外的毛色上，则能引起变色和脱色。

④护毛香波：护毛香波虽然是目前备受关注的新产品，但终究是面向消费者的商业产品。在去除污垢的同时给毛发施加养分，从理论上来说两者需要有时间差，同时进行有很大困难。因为其不能达到完全清洁养护的标准，所以不能算是专业级的香波。

(2)香波使用注意事项

①按照香波使用说明进行稀释使用。

②根据宠物毛发的特点选择合适的香波。

③有颜色的犬，尤其是染色后的犬，禁止使用漂白香波。

2. 吸水毛巾

①用途：沐浴后吸干被毛水分。

②种类：吸水毛巾有各种材质的，如仿麂皮、麂皮等。

③使用注意事项：吸水毛巾体积小、吸水量大、可以重复使用，是宠物美容的必需用品之一。好的吸水毛巾要求收缩膨胀比高，表面光滑不伤毛，耐拧、耐拉，常湿状态下不易长菌。

3. 加热设备

常用的加热设备有两种：一种是家用热水器(60L 和 80L 的普通家用热水器即可)，另一种是与浴缸一体的加热设备。

4. 各材质浴缸

宠物洗澡浴缸有多种材质，各有其特点。

①陶瓷类：美观，易消毒，深度过浅，长度较长，用时在里面垫防滑垫。

②PVC 材质：颜色丰富，深度适中，可以突出店的颜色，易消毒，美观。

③木桶：有个性，但不易消毒，易生长细菌和寄生虫。

④不锈钢：传热快，底部易热，容易伤犬，耐用。

⑤砌地：高度在腰部，做好下水，形状可以自定，但是不易挪动。

5. 宠物专用喷头

宠物专用的喷头个头小、压力大，可以冲进毛里。根据材质可分为不锈钢喷头和塑料喷头。塑料喷头的寿命短，约半年，但是声音较小。

四、肛门腺清理方法

犬的肛门腺又称为肛门囊，是一对梨形状腺体，位置在犬的肛门两侧约四点及八点的地方，左右各一个且各有一个开口（图 1-1-17 ）。肛门腺囊内充满肛门腺液，积久会变黑色或深咖啡色液状或泥状物，气味臭不可闻。

用左手握住犬的尾根部，露出肛门口。右手拇指和食指按住四点和八点部位的肛门腺，向内挤压后向外揉拉，即可挤出分泌物（图 1-1-18）。挤出的分泌物如果带脓血，说明被感染，要建议犬主人尽快带宠物去医院。

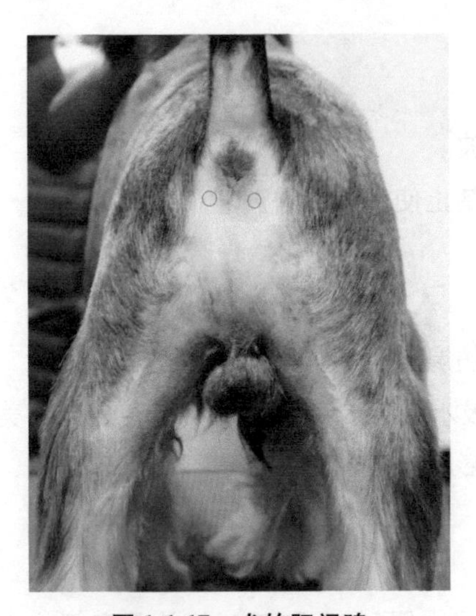

图 1-1-17　犬的肛门腺

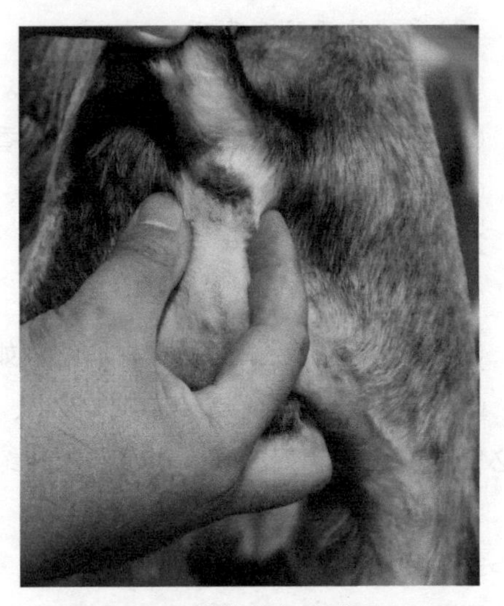

图 1-1-18　犬的肛门腺清理方法

【技能训练】

1. 所需设备和用品

浴缸、热水器、消毒液、鬃毛刷、橡皮刷、香波、护毛用品、吸水毛巾。

2. 内容及步骤

①准备好洗澡和吹风用的设备和用品，用消毒液将浴缸消毒。

②预热烘干箱，温度在40~45℃，夏天温度低点，冬天可以高点。

③调试水温：夏季水温一般控制在32~36℃；冬季水温一般控制在35~42℃。可用手腕内侧试水温。

④将犬抱入浴缸，先放后腿，缓慢放稳。

⑤右手拿淋浴器头，左手固定犬，将犬全身淋湿。淋湿的顺序是：先淋背部、臀部，然后淋四肢及胸、腹部，再是前肢及下颌，最后是头部。

⑥清洁肛门腺：用左手握住犬的尾根部，露出肛门口。右手拇指和食指按住四点和八点部位的肛门腺，向内挤压后向外揉拉，挤出分泌物。

⑦用手或海绵块将犬全身被毛涂抹稀释过的沐浴液，要涂遍全身每个部位。

⑧沐浴液涂好后用双手进行犬全身的揉搓按摩，使毛发充分吸收沐浴液，并产生丰富的泡沫。

⑨用清水轻轻地从犬头顶往下冲洗。然后由前往后将犬躯体各部分用清水冲洗干净。冲洗次数以2~4次为宜。

3. 注意事项

①要注意保持室温的恒定，预防感冒。

②不要把水弄进犬的耳朵和眼睛里。

③洗澡次数不宜过多，否则会把皮肤的油脂洗掉。

④沐浴液选择犬专用的高质量的产品，以免引起皮肤病。

⑤洗澡速度要快，尽量缩短洗澡时间，尽快洗好。

环节七：吹干

【知识学习】

一、吹风机

1. 用途

用于宠物被毛干燥、塑形。

2. 种类

根据出风口，分为单筒吹风机和双筒吹风机；根据放置位置，分为台式吹风机、立式吹风机和壁挂式吹风机。

单筒吹风机风热且集中，易将毛发吹焦，因而不够专业；一般使用双筒吹风机，共有 8 个档位(图 1-1-19)，风力较大，吹拂面积广，吹出的风也比较均匀，适合给宠物吹干毛发。

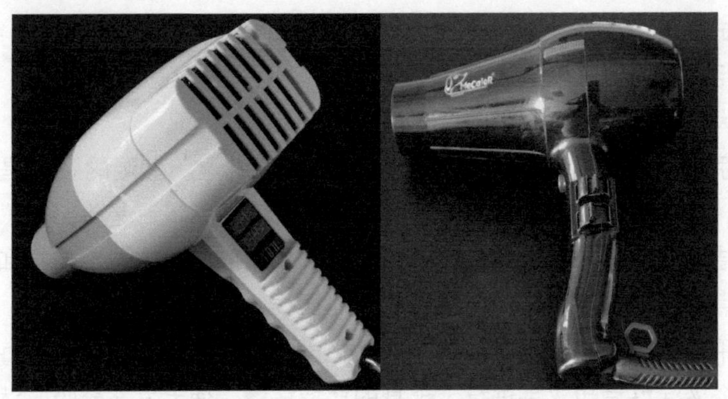

图 1-1-19　双筒和单筒吹风机

台式吹风机置于工作台上，可以随时调整位置，价格低廉，但占用操作空间，国内很少使用。立式吹风机有滑轮脚架，可四处移动，出风口可 360°旋转，价格中等，使用最广泛(图 1-1-20)。壁挂式吹风机固定于墙壁，有可移动的悬臂(上、下 45°，左、右 180°)，最节省空间，但价格昂贵。

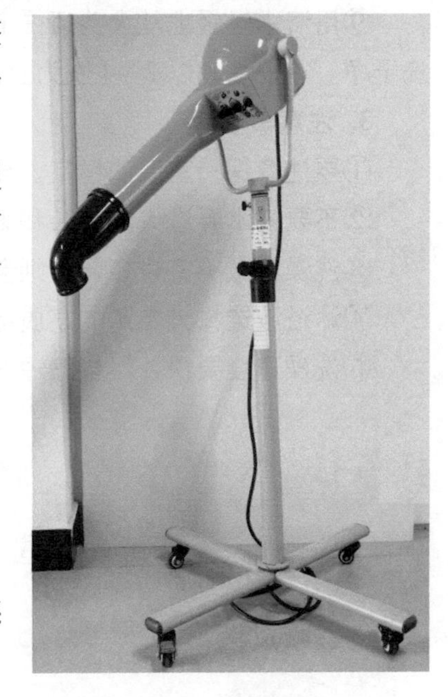

图 1-1-20　立式吹风机

二、吸水巾

1. 用途

沐浴后吸干被毛水分。

2. 种类

吸水毛巾有各种材质的，如仿麂皮、麂皮等。

3. 说明

吸水巾体积小，吸水量大，又可以重复使用，是宠物美容的必需品。好的吸水毛巾要求收缩膨胀比高，表面光滑不伤毛，耐拧、耐拉，常湿状态下不易发霉。

【技能训练】

1. 所需用品

吸水毛巾、鬃毛刷、橡皮刷、吹风机。

2. 内容及步骤

①用吸水毛巾将犬头部及身体包裹住，将水吸干。

②将犬抱出浴缸放到美容台上，用吸水毛巾反复搓擦犬的身体，直到将体表的水分完全擦干。

③一只手拿吹风机，另一只手拿鬃毛刷，由犬背部开始，边刷理边吹干。

3. 注意事项

①吹风机与犬保持20cm的距离，不要离犬太近，以免烫伤。吹风的温度要以不烫手为宜，风速可以稍微大一些。

②头部吹干后，避免风进入眼睛和耳朵，从而引起犬的反感。

③毛发吹干后，可以滴些婴儿油在手掌中，均匀地涂抹在犬的皮毛上，以保持毛发平滑。

环节八：剃脚底毛

【知识学习】

一、剃脚底毛的重要性

犬类的脚掌上也会长毛，如果一直不修剪的话，可能会长到盖过脚面。作为室内饲养的小型犬，由于脚掌上长毛，走在地面上容易滑倒，于是犬自身会对走路更加小心，而它敏捷轻快的身影也就见不到了。在这种情况下，上、下楼梯受伤的可能性也随之增加。而且脚掌间的毛在散步的时候容易被弄脏或弄湿，成为臭气和皮肤病的来源，并很可能诱发扁虱等寄生虫的生长。因此，定期修剪可以防止犬滑倒和脚掌间滋生病菌。

二、相关工具和用品

1. 美容剪

(1)用途　用于宠物的立体修剪造型和细微修饰，是宠物美容师使用频率最高的一种工具。

(2)种类　根据形状分为直剪、牙剪和弯剪(图 1-1-21)。各种形状的剪刀又有各种尺寸大小。剪刀的各部位结构如图 1-1-22 所示。

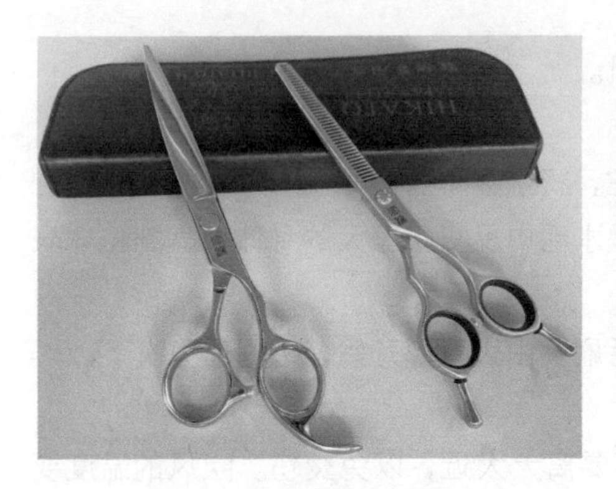

图 1-1-21　美容剪的形状

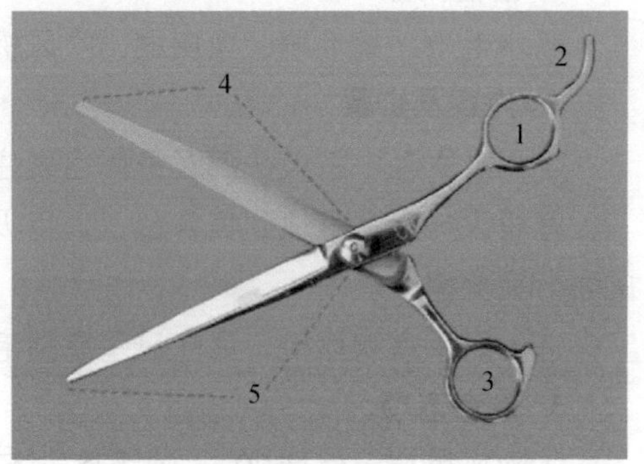

图 1-1-22　美容剪的结构

1. 无名指环　2. 小拇指挂　3. 拇指环　4. 动刃　5. 静刃

①直剪：规格有 5.5 寸、6.5 寸、7 寸、7.5 寸和 8 寸。5.5 寸直剪小巧精致，用于修剪脚底毛和其他要求精细的部位，适用于小型犬被毛修剪。6.5 寸、7 寸和 7.5 寸直剪是家用美容剪刀的首选，方便整体和局部造型修剪，配合牙剪使用更能修剪出理想的造型，也可用于电剪修剪之前的长毛辅助剪短，是长毛犬修剪造型必备的工具。8 寸直剪能有效提高修剪效率，适合高强度的修剪，用钝后可多次重新研磨使用。

②牙剪：又称为打薄剪，一侧为刃口，另一侧为排梳，排梳有 27 齿、40 齿之分。用于剪除大量浓密被毛，且不显出参差不齐的痕迹，或用直剪修剪完最后定型时修剪出毛发的层次感。适应于家庭日常修剪宠物毛发，也适合于美容师初学练手使用。

③弯剪：刃口有一定的弧度，7 寸弯剪用于有弧度的造型(如贵宾犬各种造型中的圆球修饰)。

(3)剪刀的使用方法

①将无名指套入剪刀的无名指环上，放在第三指关节上。

②剪刀横置接近于中指和食指的第二指关节处。

③小拇指自然放置于小拇指挂处。

④食指和中指自然弯曲，扣住剪刀。

⑤大拇指轻轻放入拇指环内。

运剪口诀：以美容师为参照，以犬为中心，以动刃在前为原则，由上至下，由左至右，眼明手快，胆大心细。

(4) 注意事项

①剪刀不能空剪，不能用手摸刀刃。

②保持剪刀的锋利，不能用剪刀剪毛发以外的东西，修剪脏毛也会使剪刀变钝。

③不要放在美容台上，防止摔落、撞击。

④防止生锈，工作后消毒并上油。

⑤正确握剪刀将减少疲劳，提高工作效率。

2. 其他工具和用品

见单元一任务二“中长毛犬基础护理”。

【技能训练】

1. 所需用品

电剪、直剪、美容师梳。

2. 内容及步骤

①脚掌内各个脚垫之间的短毛适合用刀刃较短的短毛剪刀修剪，也可以使用电剪修剪，如果使用电剪，通常选用30#刀头。

②将脚掌向上翻转，将足垫缝内的毛发全部修剪干净，使犬的脚垫能充分暴露出来即可。

3. 注意事项

修剪脚底毛的同时，还应检查脚垫、脚掌内侧是否有伤。

思考与讨论

1. 犬的安定讯号有哪些？各有什么作用？
2. 接待犬时要检查哪些内容？
3. 梳理毛发的工具有哪些？
4. 接近陌生犬时，要注意什么？
5. 犬的基础美容包括哪些步骤？

考核评价

一、技能考核评分表

序号	考核项目	测评人			综合成绩
		自我评价（15%）	小组互评（25%）	教师评价（60%）	
1	工具使用、基础美容操作流程				
2	基础美容效果				
总成绩					

二、情感态度考核评分表

序号	考核项目	测评人			综合成绩
		自我评价（15%）	小组互评（25%）	教师评价（60%）	
1	团队合作能力				
2	组织纪律性				
3	职业意识性				
总成绩					

三、考核内容及评分标准

考核内容	考核项目	评分标准	分值（分）
技能	工具使用、基础美容操作流程	流程衔接流畅，工具选择正确，操作规范、较熟练	40
		流程衔接有2处不流畅，工具选择有2处错误，操作较规范、熟练	24
		流程衔接有4处不流畅，工具选择有4处错误，操作较规范、熟练	0
	基础美容效果	美容后，毛发通顺，耳朵清洗干净，趾甲修剪干净，脚底毛基本能剃干净	30
		美容后，毛发通顺，有20%的结没有打开，脚底毛能剃掉60%	18
		美容后，毛发通顺，有50%的结没有打开，脚底毛基本没有剃	0

（续）

考核内容	考核项目	评分标准	分值（分）
情感态度	团队合作能力	积极参加小组活动，团队合作意识强，组织协调能力强	10
		能够参与小组课堂活动，具有团队合作意识	6
		在教师和同学的帮助下能够参与小组活动，主动性差	0
	组织纪律性	严格遵守课堂纪律，无迟到或早退现象，不打闹，学习态度端正	10
		遵守课堂纪律，有迟到或早退现象，有时做与课程无关的事情，学习态度较好	6
		不遵守课堂纪律，迟到或早退，做与课程无关的事情，且不听教师劝阻，态度差	0
	职业意识性	有较强的安全意识、节约意识、爱护动物的意识	10
		安全意识较差，固定姿势有 2 处错误，节约意识不强	6
		安全意识较差，固定姿势有 4 处错误，节约意识差	0

任务二　中长毛犬基础护理

【任务描述】

客户带着秋田犬来到宠物美容店，希望给犬进行一次基础护理，宠物美容师按工作要求完成秋田犬的接待和基础护理工作。

【任务目标】

1. 掌握中长毛犬被毛的刷理和梳理方法。
2. 掌握中长毛犬基础护理的方法、需要的美容工具及使用方法。
3. 掌握清洗耳朵、眼睛和修剪趾甲的方法。
4. 进一步掌握犬的基础护理流程。

【任务流程】

犬的健康检查—被毛的刷理与梳理—清洗耳朵—清洗眼睛—修剪趾甲—洗澡—吹干—剃脚底毛—剃腹底毛

环节一：犬的健康检查

一、毛发健康知识

皮毛是区别犬品种的重要特征之一，也是最显眼的健康指示器。不管是什么类型的皮毛，其状况会最先引起人们的注意，同时，当健康出现问题时，皮毛也是首当其冲的部位。

毛发护理恰当，顺滑没有缠结，干净没有虫虱，可以预防众多的皮肤病，并可以在早期及时发现皮肤病。皮肤护理不当，会出现毛发打结、毛质发育不良、毛发里有跳蚤和虱类等现象。

1. 打结

由于缺乏梳理或梳理不当，褪去的长毛不能完全脱落，导致出现缠结，使犬既不舒服又影响美观，甚至跳蚤、湿疹、肿块和脓疡也隐藏其中。

2. 发育不良

如果梳理毛发过于粗心，经常洗澡而不吹干，或工具使用不当，会造成断发或脆裂。

3. 跳蚤

跳蚤藏在缺乏梳理的毛发下，如果从不给犬梳理清洗，跳蚤便会迅速滋生并泛滥成灾，叮咬犬皮肤使其患上皮肤炎，造成皮肤瘙痒。跳蚤自身携带病毒，或携带传染病菌的寄生虫。

4. 虱类

蛛形虱看似无害，却吸血成癖。如清理时爆裂，则其携带的有害病菌甚至会危及人类。它们能同时向人和犬传播疾病。如果清理不当，蛛形虱的头部还会残留在犬的皮毛中，造成感染。

二、其他健康检查知识

相关知识见单元一任务一“短毛犬基础护理”。

环节二：被毛的刷理与梳理

【知识学习】

一、中长毛犬常见品种

秋田犬、阿拉斯加雪橇犬、美国爱斯基摩犬、澳大利亚牧羊犬、比利时马里诺犬、比利时牧羊犬、比利时坦比连犬、伯恩山犬、苏俄牧羊犬、边境牧羊犬、卡南犬、威尔士柯基犬、查理士王小猎犬、苏格兰牧羊犬、芬兰猎犬、德国牧羊犬、金毛猎犬、大白熊犬、挪威猎麋犬、圣伯纳犬、西伯利亚雪橇犬、西藏猎犬、威尔士史宾格犬。

二、毛结的形成

毛结是毛发缠绕在一起，通常会跟绒毛混在一起，形成一个非常紧的结头，以至于不能梳理刷洗。毛结的形成是由于毛发上覆盖有一层鳞屑，当毛发蓬乱不堪或处理粗糙的时候，那些鳞屑就会像小倒刺一样粘到一起，并能粘住脱落的毛发、杂乱的绒毛，甚至是灰尘和垃圾碎片，它们不断地打结缠绕直至形成一个结实的毛结。

毛结常在毛发浓密而长、卷曲或双层毛发的犬身上生成，在身体毛发较长的部位产生，如腿根部、尾巴下方的肛门周围、耳朵后侧、腋下部。多数情况下，日常梳理和刷洗能防止缠绕的毛发打结成块。

三、去除毛结的方法步骤

①用开结刀轻轻将较紧、较大的毛结拨开或分成小毛结。

②用宽齿排梳轻轻拨开较松的毛结。

③如果毛结很大、很紧，用前两步还是不能将毛结去除，可用剪刀顺毛根方向将毛结剪开，再梳理。如果还梳不开，则直接贴着皮肤将毛结剪除。但要小心不能伤及犬的皮肤。

四、常用设备和工具

1. 梳子

(1) 木柄针梳　柄端为木制，刷身底部为弹力胶皮垫，上面排列若干金属针。

①用途：用于刷理长毛犬的毛发，用时拔开毛发，一层层梳，要让针都接触皮肤。

②用法：用右手轻轻握住梳柄，食指放于梳面背部，用其他 4 根手指握住梳柄。放松肩膀和手臂，利用手腕旋转的力量，动作要轻柔(图 1-2-1)。

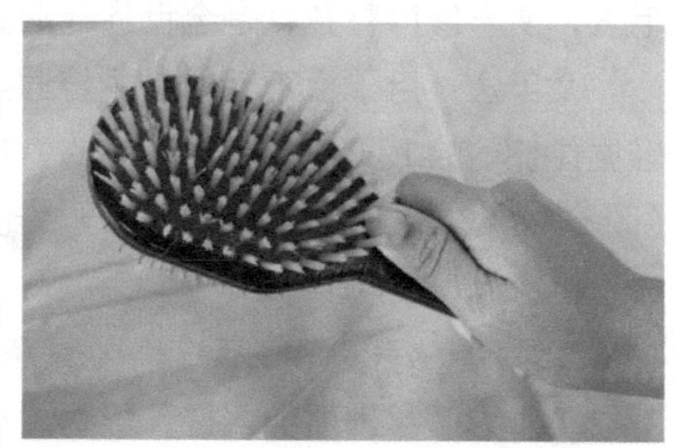

图 1-2-1　木柄针梳的用法

(2)针梳(钢丝梳)

①用途：去除死毛、毛球以及拉直毛发的必备工具。适用于贵宾犬、比熊犬等卷毛类犬及梗类犬的腿部。

②种类：按尺寸分为大、中、小3种，一般通用中尺寸。按质地分为硬质和软质两种，前者胶板为红色，针硬，适用于严重打结的情况；后者胶板为青色，针柔软，不易伤到皮肤，适用于被毛有少量缠结的情况。梳面多采用金属细丝制成，柄端采用塑料或木头制成。

③用法：用拇指和食指轻轻握住梳柄部位，其余手指轻轻地放在梳柄背面。放松肩膀和手臂，利用手腕旋转的力量，动作要轻柔(图1-2-2)。如果使用还不是很熟练，在梳犬的毛发之前，可先在自己手臂内侧(皮肤较为柔软的部分)试试力度和角度，感受是否疼痛，然后再在犬的身体上使用(图1-2-3)。

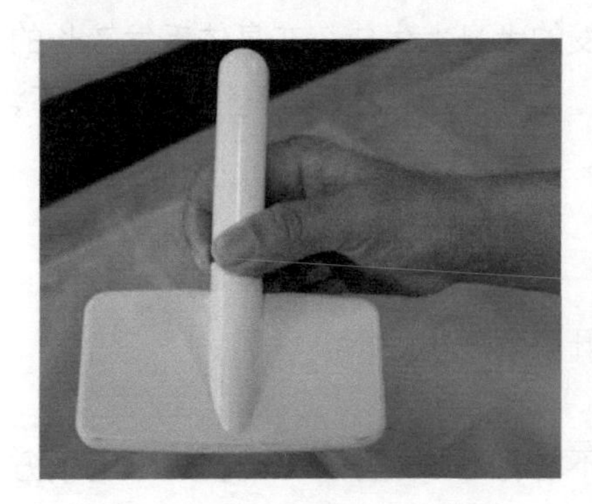

图1-2-2 针梳的用法一

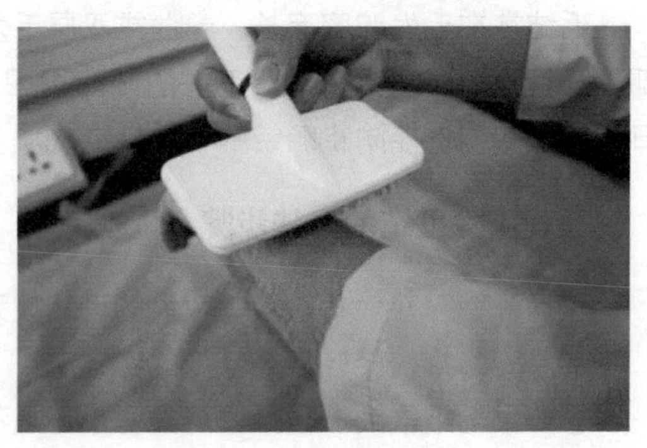

图1-2-3 针梳的用法二

(3)标准型美容师梳(宽、窄齿排梳)

①用途：全长22.5cm，针长4.5cm，疏密两用。用于梳理刷过的被毛及挑松毛发，便于修剪整齐，是全世界专业宠物美容最常用的美容工具。

②用法：用于检查毛发是否梳通，将梳子拿在手中，用拇指、食指和中指轻轻握住梳子的1/3处，运用手腕的力量，动作要轻柔。一般先用宽齿，再用密齿(图1-2-4)。用于梳去死毛或整理底毛时，则用4根手指捏住梳子背部，把拇指放在梳齿上(图1-2-5)。

③说明：好的美容师梳需要具备以下条件。材质坚硬(以金属制品为主)，不易弯曲变形；表面镀层好，能防静电；梳子两边重量平均，中心点一致；针尖圆滑，不卡毛。

(4)极密齿梳(蚤梳)　极密齿梳(蚤梳)是梳齿更为紧密的梳子，用于清除毛发中隐藏的跳蚤及蜱类，或清理眼睛下方的眼垢。由于一些除虫浴液的使用，蚤

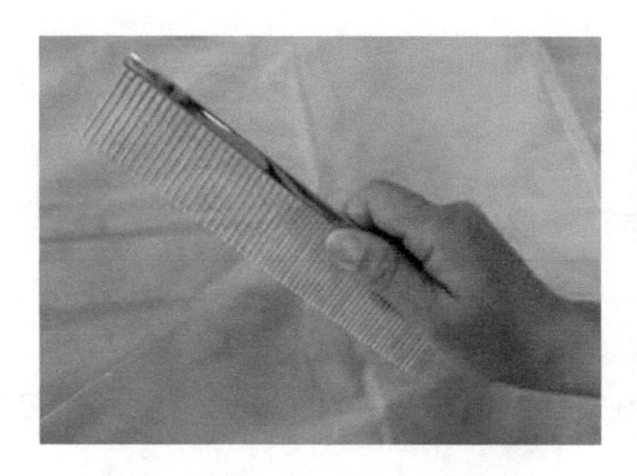

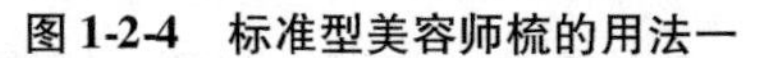

图 1-2-4　标准型美容师梳的用法一

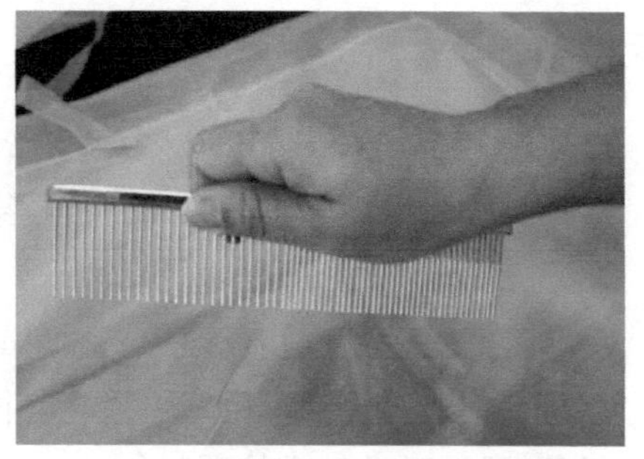

图 1-2-5　标准型美容师梳的用法二

梳已不常使用了。

（5）分界梳

①用途：梳身由防静电梳面和金属细杆组成，用于长毛犬的背部分线、头部扎辫子及包毛时给毛发分股。

②说明：一侧有齿，很密集，另一侧为握柄，握柄末端较细，容易使毛发分离。

2. 开结（梳）刀

（1）用途　开结（梳）刀又称为奥斯特垫子梳，梳面采用优质不锈钢制成，柄部可以是塑料材质。用于梳理针梳梳不开的、严重打节的毛球，其锐利的刃部可以快速省力地打开毛球，且不会伤到皮肤（开结刀的锋利面都设计在内侧，碰不到宠物的皮肤，刀头部位加粗并经过了钝化处理）。

（2）类型　分为刀片嵌入型和刀刃型两种，常用的为后者。刀刃型又分为单刃型和多刃型，单刃型适用于严重硬化的毛球，多刃型适用于中度缠结的毛球或单刃型的后续操作。

（3）用法　用手握住梳柄前端，将大拇指横按在梳面顶端，其他 4 根手指紧握梳柄。插入梳子前要找好缠结毛发的位置，插入毛结后，紧贴皮肤，以锯的方式由内向外用力拉开毛结（图 1-2-6）。

（4）说明　好的开结刀应钢质优良，握把适手，刀头经过钝化处理。

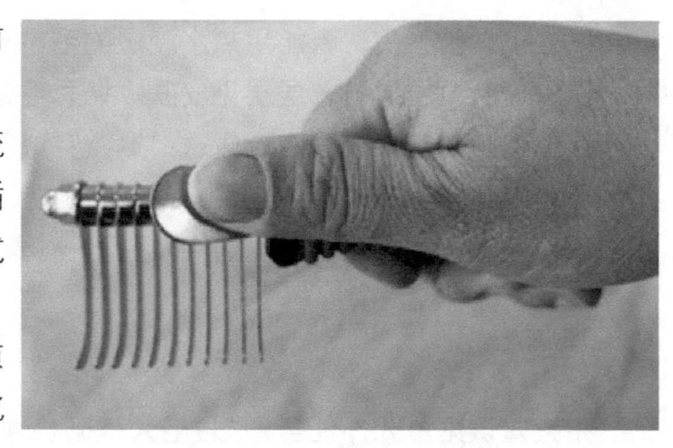

图 1-2-6　开结（梳）刀的用法

【技能训练】

1. 所需用品

木柄针梳、钢丝梳、美容师梳、开结刀、橡皮刷。

2. 内容及步骤

①准备好被毛刷理和梳理需要的用品。

②将犬抱上美容台，用牵引绳将其固定好，以便于操作(具体固定方法见单元一任务一“短毛犬基础护理”)。

③选用针梳由前向后，由上而下，依次梳理前肢—胸部—背部—侧腹—腹部—尾部—后肢，最后梳理头部。梳理方法是：先顺梳，后逆梳，再顺梳。梳完一侧，再梳另一侧。全部梳理完后，用美容师梳一层毛一层毛检查全身，确保梳通全身毛发。

④梳理的时候，如遇到毛结，用去除毛结的方法将毛结梳通。

3. 注意事项

①梳理时应使用专门的工具，不可以用人用的梳子和刷子。

②梳理被毛时动作应柔和细致，不能粗暴蛮干，否则犬会有疼痛感，尤其梳理敏感部位(如外生殖器)附近的被毛时要特别小心。

③犬的被毛沾污严重时，在梳毛的同时，应配合使用护发素(1000 倍稀释)或婴儿爽身粉。

④注意观察犬的皮肤，清洁的粉红色为良好，如果呈现红色或有湿疹，则有寄生虫、皮肤病、过敏等可能性，应及时治疗。

⑤发现虱、蚤、蜱等寄生虫寄生时，需及时用细的钢丝刷刷拭，或用杀虫药物治疗。

⑥在梳理被毛前，若能用热水浸湿的毛巾先擦拭犬的身体，被毛会更加亮。

⑦梳理时要层层梳，层层见皮肤。切忌毛结没梳通就用水冲洗。

⑧美容师在工作过程中应佩戴口罩，完成任务后应及时洗手。

环节三：清洗耳朵

【知识学习】

相关知识见单元一任务一“短毛犬基础护理”。

常用设备和工具

1. 耳粉

耳粉用于拔犬耳毛时，起到消炎、止痒的作用。

2. 洗耳水

洗耳水用于清洗犬耳道内分泌物。

3. 弯头止血钳

①用途：用于拔除内、外耳毛，清理耳道，夹除齿缝异物及体表寄生虫。

②种类：按长短可分为大号、中号、小号。宠物美容一般采用小号弯型钳。

【技能训练】

1. 所需用品

洗耳液、耳粉、医用棉球、弯头止血钳。

2. 内容及步骤

①准备好清洗犬耳朵需要的用品。

②如果犬的耳朵有耳毛，要先拔耳毛。采用清洗耳朵时固定犬的方法，固定犬的头部，用左手大拇指和食指按压耳朵周围，使耳道充分暴露，将少量耳粉撒入耳中(图1-2-7)。用手按摩几下，这样可以起到消炎、止痛的作用，然后沿着毛的生长方向拔除。用手拔耳毛时一次不要拔太多，而且动作要轻柔(图1-2-8)。如果手拔不到耳道内的毛，可使用弯头止血钳将余下的少许耳毛拔出(图1-2-9)。拔耳毛和洗耳的目的是保持耳朵通风，防止耳螨。

图1-2-7 撒耳粉

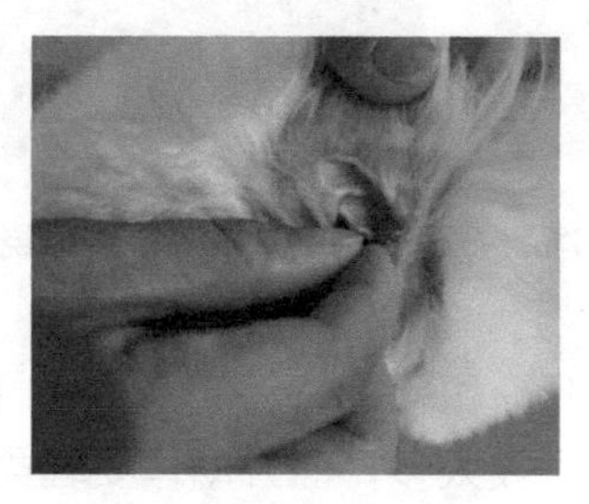

图1-2-8 用手拔犬耳毛

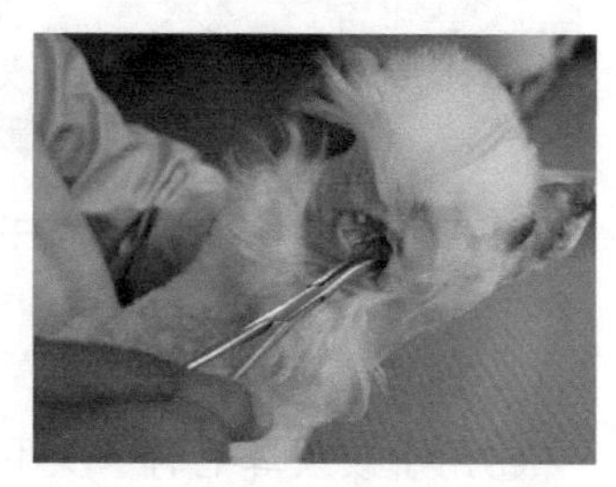

图1-2-9 用弯头止血钳拔犬耳毛

③无耳毛的犬可直接清洗耳道，有耳毛的犬在拔完耳毛后清洗耳道。具体操作是：将耳廓垂直向上拉，向耳道内灌注洗耳液(图1-2-10)，然后将耳廓向下拉，并把手放在头部使其不颤抖，用另一只手按摩耳根(图1-2-11)，按摩一段时

间后，使洗耳液与耳垢充分结合并软化耳垢，然后松开手，犬会摇摆头部，随着甩头，耳垢会随着洗耳液被一起带出耳道，再用棉球将耳部擦干净(图 1-2-12)。如果犬耳朵里面有少量的耳垢没有甩出来，可以根据犬耳道的大小，把适量的脱脂棉绕在止血钳上，然后用洗耳液将棉球打湿，控制好犬的头部，将止血钳按照从耳朵下方至上方的方向擦拭(图 1-2-13)。

图 1-2-10　灌注洗耳液

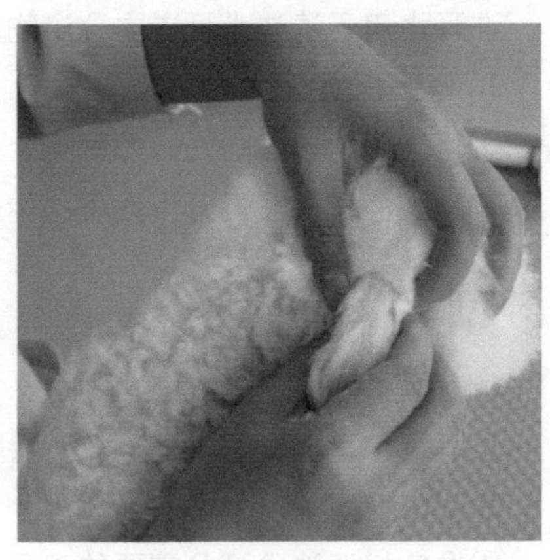

图 1-2-11　按摩耳根

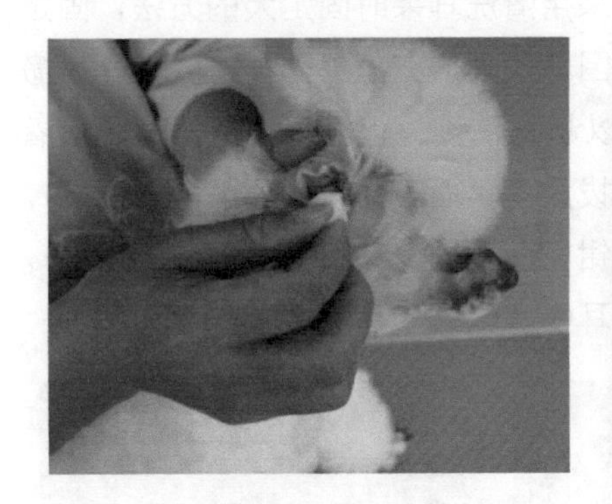

图 1-2-12　用棉球将耳部擦干净

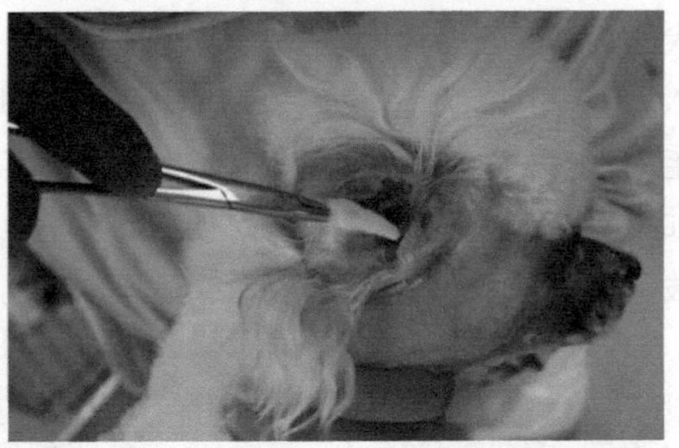

图 1-2-13　将棉球绕在止血钳上擦拭犬耳朵

3. 注意事项

①用手拔犬耳毛时一次不可拔太多，而且动作要轻柔。

②使用止血钳拔犬耳毛时，应防止夹到犬耳朵。

③犬不太喜欢清洗耳朵，所以动作要迅速。

④切忌用木质棉签清洗犬耳朵，防止棉签棒断裂留在犬耳朵中无法出来，引起发炎。

环节四：清洗眼睛

【知识学习】

相关知识见单元一任务一"短毛犬基础护理"。

常用设备和工具

洗眼液：在眼睛护理过程中，用于清洁犬眼部周围的脏物。

【技能训练】

1. 所需用品

2% 的硼酸、脱脂棉、滴眼液、眼药水。

2. 内容及步骤

①准备好洗眼液和脱脂棉等。

②用清洗眼睛的固定方法一只手控制犬，另一只手拿眼药水或滴眼液置于眼睛后上方，每次滴 1 ~ 2 滴。

③用湿棉球将眼内及周围的脏物擦干净。

3. 注意事项

①清洗犬眼睛时，要固定好头部，动作要迅速。

②滴眼液的滴管尖不可靠犬眼球太近，防止扎到眼球。

环节五：修剪趾甲

【知识学习】

相关知识见单元一任务一"短毛犬基础护理"。

【技能训练】

1. 所需用品

趾甲钳、趾甲锉、止血粉。

2. 内容及步骤

①准备好修剪趾甲需要的用品。

②根据犬的表现，采用相应的固定犬的方法，使犬身体保持稳定，左手轻轻

抬起犬的脚掌，右手持趾甲钳(左手持工具，则方向相反)，握住脚掌，用食指和拇指将足蹼展开，并捏牢脚趾的根部，这样在修剪趾甲时脚不会晃动太强烈(图1-2-14)。

③用三刀法剪趾甲(图1-2-15)：用趾甲钳从脚趾的前端靠近血线的位置垂直剪下第一刀，从趾甲背面切口斜45°剪下第二刀，从趾甲腹面切口斜45°剪下第三刀。

用趾甲锉将剪过的断端磨光滑。用食指和拇指抓紧脚趾的根部，以减小脚的晃动，让锉刀的侧面沿着抓住脚垫的食指方向运动，把各个棱角磨光滑。用同样的方法修剪各个脚趾甲，尤其注意修剪"狼趾"。

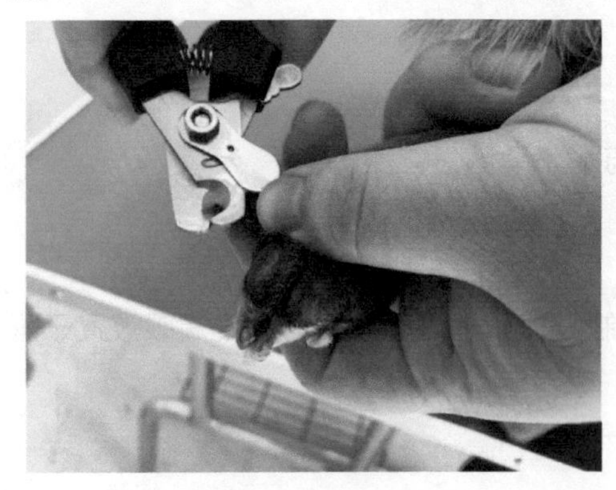

图1-2-14 剪犬趾甲时的固定方法

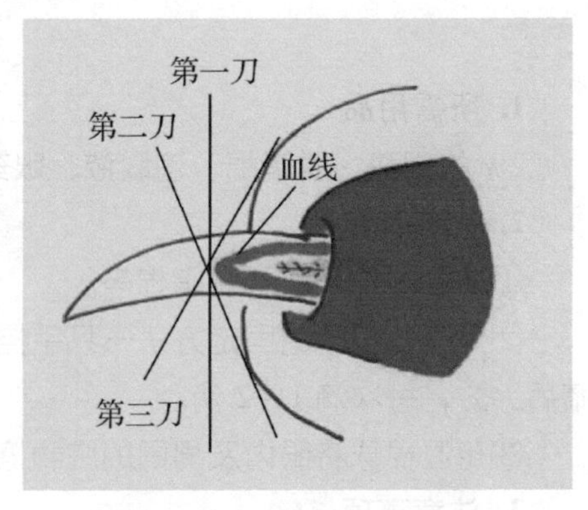

图1-2-15 三刀法示意图

3. 注意事项

①犬绳一定要垂直于美容台，否则起不到帮美容师控制犬的作用。

②剪趾甲前应先观察犬的趾甲颜色，白色的趾甲好剪，黑色的趾甲较难剪。

③注意不要剪到有血管和神经分布的知觉部。

④趾甲色素浓的犬类无法看到血管，应该一点一点地向后剪。例如，剪黑趾甲时要一点点剪，剪到看见趾甲断面有些潮湿时即可。

⑤如果不小心将犬趾甲剪出血，应紧紧捏住趾甲的根部止血，并及时消毒、涂抹止血粉。方法是将止血粉洒在出血处，用手按压10s左右，使其停止出血。

环节六：洗澡

【知识学习】

相关知识见单元一任务一"短毛犬基础护理"。

【技能训练】

1. 所需用品

浴缸、热水器、消毒液、橡皮刷、香波、护毛用品、吸水毛巾。

2. 内容及步骤

①准备好洗澡和吹风要用的设备和用品，用消毒液将浴缸消毒。

②预热烘干箱，温度在40～45℃，夏天温度低些，冬天可以高些。

③调试水温：夏季水温一般控制在32～36℃，冬季水温一般控制在35～42℃。

④将犬抱入浴缸，先放后腿，缓慢放稳。

⑤淋湿犬全身的毛发。

⑥清洁犬肛门腺。

⑦用手或海绵块将全身被毛涂抹稀释过的沐浴液，要涂遍全身每个部位。

⑧涂好沐浴液后用双手进行全身的揉搓按摩，使沐浴液被充分吸收，并产生丰富的泡沫。

⑨用清水轻轻地从犬头顶往下冲洗。然后由前往后将躯体各部分用清水冲洗干净。冲洗的次数以2～4次为宜。

⑩全身涂抹护毛素，并在犬毛上停留一段时间，然后冲洗干净。

3. 注意事项

①中长毛犬的毛发较厚，一定要确定毛发的根部也要湿透。

②要注意保持室温的恒定，预防感冒。

③不要把水弄进犬的耳朵和眼睛里。

④沐浴液选择犬专用的高质量的产品，以免引起皮肤病。

⑤洗澡速度要快，尽量缩短洗澡时间，尽快洗好。

环节七：吹干

【知识学习】

一、常用设备和工具

1. 吹水机

(1)特点　噪声大，风量大，且带有辅助加温功能，能极大限度地缩短被毛的干燥时间(图1-2-16)。

（2）用途　快速吹掉宠物被毛表面的水分和下层绒毛上的水分，提高工作效率，尤其适用于洗完澡不需要修剪造型的犬。使用吹风机前，先使用吹水机将毛发吹至七八成干，可以避免宠物感冒，此外，可防止因潮湿的体表环境导致病菌滋生而产生的湿疹及其他皮肤病。

（3）种类　根据温度和风速的不同可分为变频吹水机和普通型吹水机；根据放置方式不同可分为台式、立式和挂壁式 3 类。

普通型吹水机适用于大型犬及毛发厚的犬，可除去身上不易擦干的水，但其风量和噪声大，不适合小型犬及幼犬。如要选用吹水机吹干小型犬和幼犬的毛发，可选用变频吹水机。

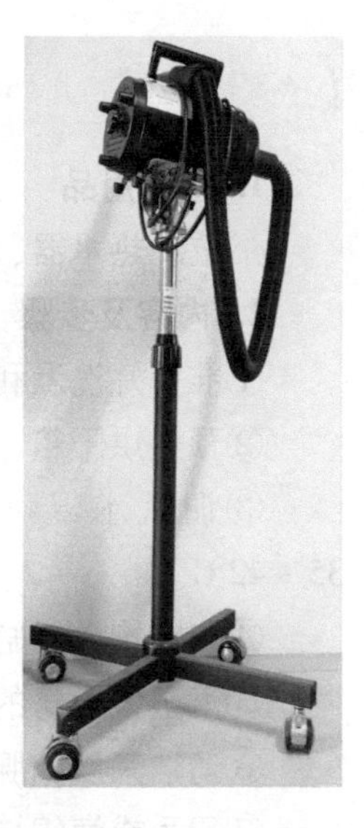

图 1-2-16　立式吹水机

（4）使用注意事项

①紧握风管，尽量贴近犬的皮肤，将水从毛根吹出。

②定期清理进风口网，保持进风口通畅，不能有杂物阻隔，以免烧坏机体。

③风量开关未打开前，不得打开加热开关。

④进风口应远离水源，以防止吹水机内进水。

⑤风量开关打开后，在风未吹出时，应检查电源是否连接好。

2. 烘干箱

（1）用途　自动烘干宠物被毛，可以让美容师有休息的时间，另外比较安全、省电、方便（图 1-2-17）。

（2）种类　按功能分为只具有烘干功能的和附带洗澡功能的两种。多为不锈钢材质，有大小尺寸的区别。

图 1-2-17　烘干箱

（3）使用注意事项

①不适用于毛量厚重的犬、老年犬、有心脏病的犬。

②不适用于猫，猫容易抓坏烘箱里的灯管。

③发情期的母犬不得与任何公犬同箱烘干。

④依毛量及体型控制时间。

⑤及时清理机器，防止意外发生。

⑥用前先预热 5～10min，温度冬天设置为 45℃，夏天 40℃。

⑦烘干时要时时观察犬的情况。

【技能训练】

1. 所需用品

吸水毛巾、橡皮刷、吹水机、吹风机、钢丝梳、美容师梳。

2. 内容及步骤

①用吸水毛巾将犬头部及身体包裹住，将犬抱出浴缸放到美容台上，用吸水毛巾吸干体表的水分。

②先用吹水机将犬毛发吹至七八成干。

③用吹风机将犬身上的毛发彻底吹干。

④用美容师梳将犬全身毛发彻底梳理一遍，确保全身无毛结。

3. 注意事项

①如果犬对吹水机反感，可以不用吹水机，直接用吹风机慢慢吹干。

②吹风机不可离犬太近，以免犬被烫伤。

环节八：剃脚底毛

【知识学习】

相关知识见单元一任务一“短毛犬基础护理”。

【技能训练】

1. 所需用品

小电剪、直剪、美容师梳。

2. 内容及步骤

①准备好所需用品。

②按照修剪趾甲的方法固定好犬。

③用直剪将脚掌周围的毛发剪掉。

④用小电剪将脚垫之间的毛发修剪干净。

3. 注意事项

①脚掌周围的毛不可剪得太短，以免妨碍腿部美观。

②在修剪脚底毛的同时，还应检查脚垫、脚掌内侧是否有伤。

环节九：剃腹底毛

【知识学习】

一、剃腹底毛的目的

腹部的毛称为腹底毛，在犬趴卧、排尿或哺乳时容易弄脏，常常打结，既容易引起皮肤病，又影响美观，所以要清理干净。此外，在犬展中，为了方便审查员检查犬的生殖器，确定犬的性别和判断健康状况(公犬是否有单睾丸)，也需要剃掉腹底毛。

二、剃腹底毛时的固定方法

第一种方法是左手抬起犬的前肢，让犬的后肢站立，右手握电剪操作。

第二种方法是将吊杆放至适当的高度，左手抬起犬的前肢，将犬的前肢搭在吊杆上压住，让犬后肢站立在美容台上，右手握电剪操作(图 1-2-18)。

如果犬是大型犬，抬起犬的一条后腿，右手握电剪操作。

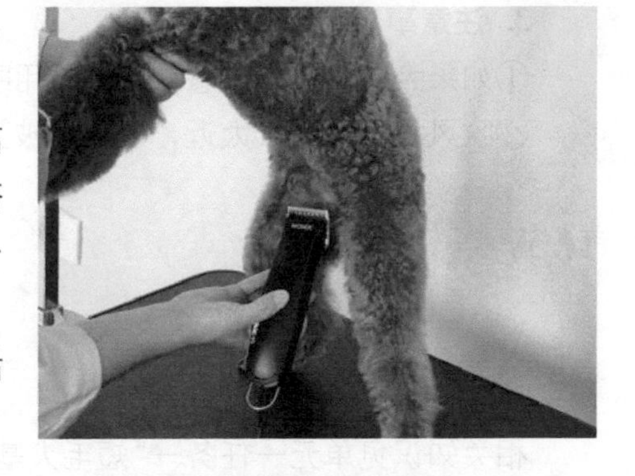

图 1-2-18　剃腹底毛时的固定方法

三、剃腹底毛的要求

腹底毛的修剪根据犬的性别不同而有所差异，但通常用 10#刀头。

1. 公犬

先将一只后腿抬高到身体高度，操作人员低下头，与犬的腹部平行，然后开始剃犬生殖器两侧的毛；再将犬的前两肢往上提，让犬后肢站立，用电剪从犬的后腿根部向上剃至倒数第二对和第三对乳头之间，行成倒“V”形(图 1-2-19)。

2. 母犬

先将犬的一侧后腿抬起，顺着胯下部位角度推毛；再将犬的两前肢往上提，让犬后肢站立，用电剪从犬的后腿根部向上剃至倒数第三对乳头，行成倒“U”形(图 1-2-20)。

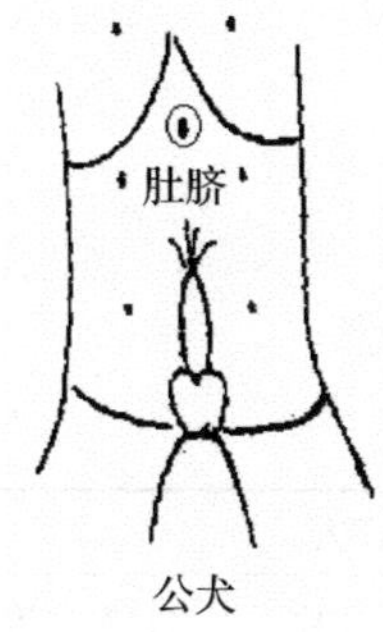

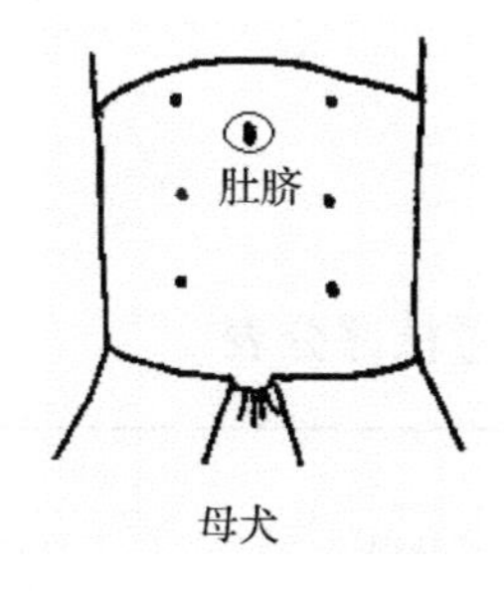

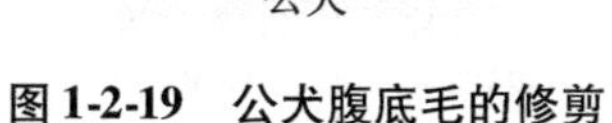
图 1-2-19　公犬腹底毛的修剪　　图 1-2-20　母犬腹底毛的修剪

【技能训练】

1. 所需用品

电剪、10#刀头、皮肤膏。

2. 内容及步骤

①准备好所需工具和用品。

②按照剃腹底毛的姿势固定好犬。

③根据犬的性别，按照要求修剪。

④涂抹皮肤膏。

3. 注意事项

①犬腹部皮肤薄嫩，使用电剪要小心，千万不要剃伤皮肤和乳头。

②剃毛要尽量快速准确。

③用电剪剃腹底毛时，要顺着一个方向一次剃好，不要反复来回剃，以免造成犬皮肤过敏。

思考与讨论

1. 写出 6 种中长毛犬常见品种。

2. 刷理犬毛发的顺序是什么?

3. 梳理犬毛发的顺序是什么?

4. 犬耳朵的结构是什么? 犬耳朵清洗包括哪些步骤? 犬耳朵清洗要准备的工具有哪些?

5. 修剪犬脚趾甲有哪些注意事项?

6. 使用吹水机有哪些注意事项?

7. 使用烘干箱有哪些注意事项?

考核评价

一、技能考核评分表

序号	考核项目	测评人			综合成绩
		自我评价（15%）	小组互评（25%）	教师评价（60%）	
1	工具使用、基础美容操作流程				
2	基础美容效果				
总成绩					

二、情感态度考核评分表

序号	考核项目	测评人			综合成绩
		自我评价（15%）	小组互评（25%）	教师评价（60%）	
1	团队合作能力				
2	组织纪律性				
3	职业意识性				
总成绩					

三、考核内容及评分标准

考核内容	考核项目	评分标准	分值（分）
技能	工具使用、基础美容操作流程	操作中，流程衔接流畅，工具选择正确，操作规范、较熟练	40
		操作中，流程衔接有3处衔接不流畅，工具选择有3处错误，操作较规范、熟练	24
		操作中，流程衔接有5处衔接不流畅，工具选择有3处错误，操作较规范、熟练	0
	基础美容效果	美容后，毛发通顺，没有打结处	30
		美容后，毛发通顺，有30%的结没有打开	18
		美容后，毛发通顺，有60%的结没有打开	0

（续）

考核内容	考核项目	评分标准	分值（分）
情感态度	团队合作能力	积极参加小组活动，团队合作意识强，组织协调能力强	10
		能够参与小组课堂活动，具有团队合作意识	6
		在教师和同学的帮助下能够参与小组活动，主动性差	0
	组织纪律性	严格遵守课堂纪律，无迟到或早退，不打闹，学习态度端正	10
		遵守课堂纪律，有迟到或早退现象，有时做与课程无关的事情，学习态度较好	6
		不遵守课堂纪律，迟到或早退，做与课程无关的事情，并不听教师劝阻，态度差	0
	职业意识性	有较强的安全意识、节约意识、爱护动物的意识	10
		安全意识较差，固定姿势有2处错误，节约意识不强	6
		安全意识较差，固定姿势有4处错误，节约意识差	0

任务三　长毛犬基础护理

【任务描述】

客户带着博美犬来到宠物美容店，希望给犬进行一次基础护理，宠物美容师按工作要求完成犬的接待和基础护理工作。

【任务目标】

1. 掌握长毛犬被毛的刷理和梳理方法。
2. 掌握长毛犬基础护理的方法、需要的美容工具及使用方法。
3. 掌握洗澡、吹干和剃腹底毛的方法。
4. 掌握犬的基础护理流程。

【任务流程】

犬的健康检查—被毛的刷理与梳理—清洗耳朵—清洗眼睛—修剪趾甲—洗澡—吹干—剃脚底毛—剃腹底毛

环节一：犬的健康检查

相关知识见单元一任务一“短毛犬基础护理”。

环节二：被毛的刷理与梳理

【知识学习】

一、被毛刷理与梳理的目的

检查犬身体是否有缠结、寄生虫和伤口，与犬交流。去除缠结，使毛排列顺畅。犬毛发的打结是从根部开始的，因此，用美容师梳检查毛结是否梳通时需要拨开毛发，见到皮肤，一层一层地检查。

二、长毛犬常见品种

阿富汗猎犬、吉娃娃(长毛)、中国冠毛犬(粉扑型)、可卡犬、松狮犬、粗毛柯利犬、长毛腊肠犬、英国可卡犬、英国雪达犬、戈登雪达犬、哈威那犬、爱尔兰雪达犬、拉萨犬、马尔济斯、纽芬兰犬、古代英国牧羊犬、蝴蝶犬、北京犬、博美犬、萨摩耶犬、喜乐蒂牧羊犬、西施犬、丝毛梗、约克郡梗。

三、长毛犬毛发梳理顺序

长毛犬都有一身浓密的起保护身体作用的长毛，如果不经常梳理，毛发很容易打结，而且皮毛也会不干净、不顺滑。

用美容师梳从颈部开始，由前向后，由上而下，依次梳理前肢—胸部—背部—侧腹—腹部—尾部—后肢，最后梳头部。梳理方法是：先顺梳，后逆梳，再顺梳。梳完一侧，再梳另一侧。

四、常用设备和工具

相关知识见单元一任务二“中长毛犬基础护理”。

【技能训练】

1. 所需用品

木柄针梳、钢丝梳、美容师梳、开结刀。

2. 内容及步骤

①准备好被毛刷理和梳理需要的用品。

②将犬抱上美容台，用牵引绳将其固定好，以便于操作（具体固定方法见单元一任务一“短毛犬基础护理”）。

③用钢丝梳和开结刀轻轻地梳开毛发上的发结和发团，梳的时候动作要轻柔。

④用木柄针梳将犬全身梳一遍，动作要轻柔，以免将毛发拔掉。

⑤用美容师梳宽齿部分将犬全身的毛发梳一遍，然后用细齿部分再梳一次。

3. 注意事项

①梳理长毛犬毛发时，不能只梳表面的长毛而忽略底毛的梳理，应该一层一层地进行，对其底毛进行梳理。

②梳完后，全身的毛发应该没有任何缠在一起的毛结。

③犬的被毛沾污严重时，在梳毛的同时，应配合使用护发素（1000 倍稀释）或婴儿爽生粉。

④注意观察犬的皮肤，清洁的粉红色为良好，如果呈现红色或有湿疹，则有寄生虫、皮肤病、过敏等可能性，应及时就医治疗。

环节三：清洗耳朵

【知识学习】

相关知识见单元一任务一“短毛犬基础护理”。

【技能训练】

1. 所需用品

洗耳液、耳粉、医用棉球、弯头止血钳。

2. 内容及步骤

①准备好清洗耳朵需要的用品。

②清洗耳道，如果犬的耳朵有耳毛，要先拔耳毛（具体操作见单元一任务二“中长毛犬基础护理”）。

3. 注意事项

①用手拔耳毛时一次不要拔太多，而且动作要轻柔。

②犬不太喜欢清洗耳朵，所以动作要迅速。

③不能用木质棉签去清洗耳朵，以防止棉签棒断裂留在耳朵中无法出来，引起发炎。

④清洗耳朵时观察犬耳朵是否有疾病，如有疾病应建议主人及时就医。

环节四：清洗眼睛

【知识学习】

相关知识见单元一任务一“短毛犬基础护理”。

【技能训练】

1. 所需用品

2%的硼酸、脱脂棉、滴眼液、眼药水。

2. 内容及步骤

①准备好洗眼液和脱脂棉。

②用清洗眼睛的固定方法控制犬，另一只手持眼药水或滴眼液置于眼睛后上方，每次滴1~2滴。

③用湿棉球将眼内及周围的脏物擦干净。

3. 注意事项

①清洗眼睛时，要固定好犬头部，动作要迅速。

②滴眼液的滴管尖不要靠犬眼球太近，防止扎到眼球。

③如犬眼睛周围毛较多，要经常梳理眼睫毛，并适当剪短周围的毛。

环节五：修剪趾甲

【知识学习】

相关知识见单元一任务一“短毛犬基础护理”。

【技能训练】

1. 所需用品

趾甲钳、趾甲锉、止血粉。

2. 内容及步骤

①准备好剪趾甲需要的用品。

②根据犬的表现，采用相应的固定犬的方法，使犬身体保持稳定。

③长毛犬的足部毛发较长，将足部的毛发撩起，露出趾甲，按照修剪趾甲的方法修剪即可。

④如果将犬趾甲剪出血，要紧紧捏住趾甲的根部止血，并及时消毒、涂抹止血粉。方法是：将止血粉洒在出血处，用手按压 10s 左右，使其停止出血。

3. 注意事项

①剪趾甲前先观察犬的趾甲颜色，白色的趾甲易剪，黑色的趾甲较难剪。

②趾甲色素浓的犬类不能看到血管，应该一点一点地向后剪。例如，剪黑趾甲时要一点点剪，剪到看见趾甲断面有些潮湿时即可。

环节六：洗澡

【知识学习】

相关知识见单元一任务一"短毛犬基础护理"。

【技能训练】

1. 所需用品

浴缸、热水器、消毒液、橡皮刷、美容台、吹水机、美容师梳、针梳、吹风机、吸水毛巾、香波、护毛用品。

2. 内容及步骤

①准备好洗澡吹干用的设备和工具。

②预热烘干箱，温度在 40～45℃，夏天温度低点，冬天可以高点。

③调试水温：夏季水温一般控制在 32～36℃；冬季水温一般控制在 35～42℃。美容师可用手背试水温(图 1-3-1)。

④淋湿(打湿)被毛：将其抱入浴缸，先放后腿，缓慢放稳。固定犬使其侧立，头朝向护理员的左侧，尾朝向右侧。右手拿淋浴器头，左手固定犬，将犬全身淋湿。淋湿的顺序是：先淋背部、臀部，再淋四肢及胸、腹部，然后是前肢及下颌，最后是头部(图 1-3-2)。头部打湿的方法：将淋浴器头放在犬头上方，水流朝下，由额头向颈部方向冲洗。耳朵要采用下垂式冲洗，先由额头上方向耳尖处冲洗，再翻转耳内侧，用手轻轻将耳内侧的毛发打湿。眼角周围及嘴巴周围的毛发也要用双手将其慢慢地打湿。

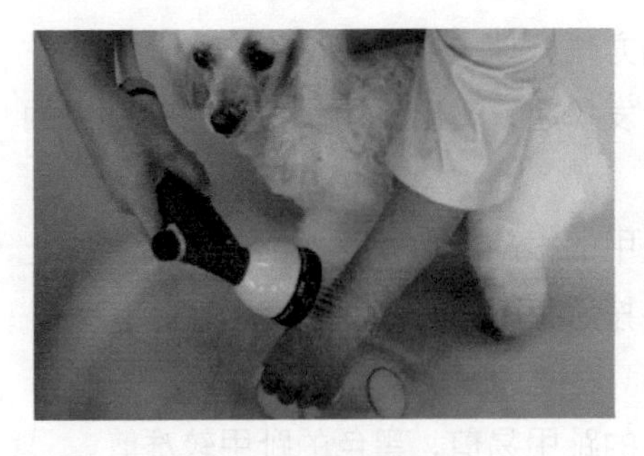

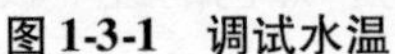

图 1-3-1　调试水温

图 1-3-2　淋湿(打湿)被毛

⑤清洁肛门腺：用左手握住犬的尾根部，露出肛门口。右手拇指和食指按住四点和八点部位的肛门腺，向内挤压后向外揉拉，即可挤出分泌物。如果挤出的分泌物带脓血，说明被感染，要建议主人尽快带宠物就医。

⑥涂抹香波：用手或海绵块将犬全身被毛涂抹稀释过的沐浴液，要涂遍全身每个部位。涂抹的顺序是：先从尾部开始，然后是腿和爪子，再按照背部—身体两侧—前腿—前爪—肩部—前胸的顺序涂抹，最后才是头部。在涂抹头部时要将沐浴液先挤到头顶部和下颌部，再用手涂到眼睛和嘴巴周围(图 1-3-3)。如果涂抹的是除虱的沐浴液，一定要从头向后洗，防止跳虱跑到犬的脸部和耳中。沐浴液涂好后用双手进行全身的揉搓按摩，使浴液充分地被吸收，并产生丰富的泡沫。

⑦冲洗：冲洗方法与前面被毛打湿的方法基本相同。从犬的后驱开始冲洗，最后冲洗头部(图 1-3-4)。冲洗的次数以 2 ~ 4 次为宜。

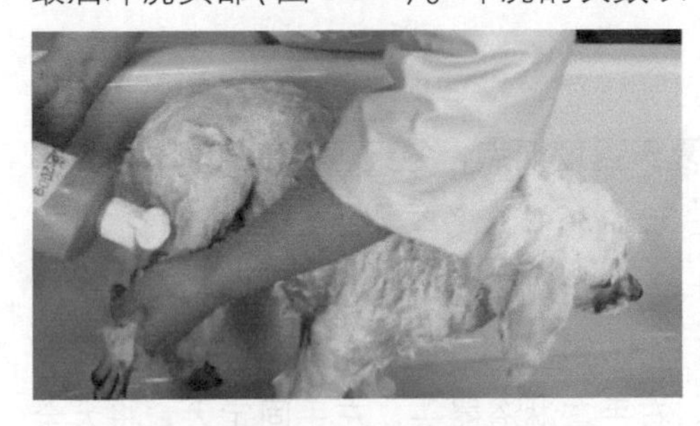

图 1-3-3　涂抹香波

图 1-3-4　冲　洗

⑧涂抹护毛素：给犬使用护毛素时，需要按照护毛素使用说明，使护毛素在犬毛上停留一段时间，然后冲洗干净。

⑨用吸水毛巾吸干犬身上的水分：用消过毒的吸水毛巾吸干犬身上的水分，直到四肢的毛拧不出水为止(图 1-3-5)。

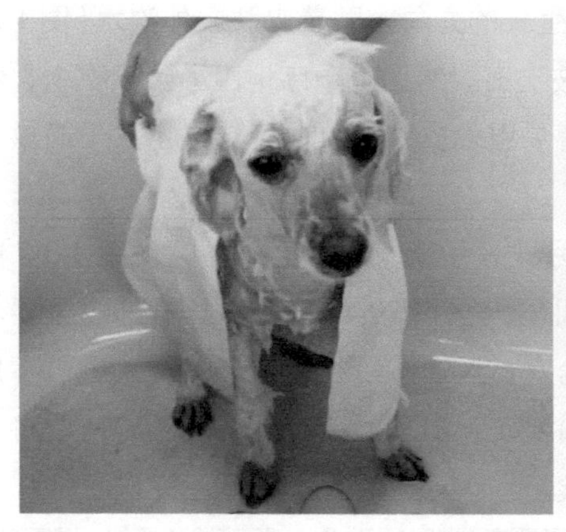
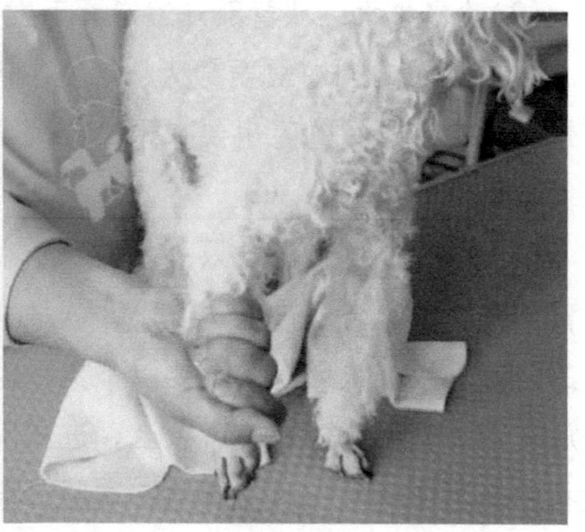

图 1-3-5　吸干水分

3. 注意事项

①给犬洗澡前必须将毛发梳理通顺，尤其是要把毛结打开。在毛发特别脏的情况下可以先洗澡。

②处于下列情况的犬不能洗澡：未做好防疫的幼犬；处于发情期的母犬；初到新家的犬；生病的犬(感冒、流鼻涕)，在犬康复后 10～15 天才能洗澡。

③沐浴液选择犬专用的高质量的产品，以免引起皮肤病。

④需要美容造型的犬不能使用护毛素，因为毛发会变软，修剪时，毛发不容易挑起。

环节七：吹干

【知识学习】

相关知识见单元一任务一和任务二。

【技能训练】

1. 所需用品

吸水毛巾、吹水机、吹风机、钢丝梳、美容师梳。

2. 内容及步骤

(1)擦干　用吸水毛巾将犬头及身体包裹住，把水吸干，直到将体表的水分完全擦干。

(2)**吹水机吹** 从背部开始逆着毛发生长的方向，贴着皮肤向外吹水(图1-3-6)，可见毛发内的水呈喷雾状从毛发中被吹出。然后有顺序地由上到下吹水，特别是脚趾肉垫之间的毛也要吹干，否则容易引发皮肤病。也可选择用烘干箱烘干毛发。

(3)**吹风机吹干** 一只手扶住犬，另一只手拿梳子用吹风机吹(图1-3-7)，由背部开始，边梳理被毛边吹干，吹风机与犬保持20cm的距离。梳的位置要与吹的位置一致。吹风的温度要以不烫手为宜，风速可以稍微大一些。吹风机不用时放在地上，不能放在美容台上，进风口要定期清理。美容师头发长时，要将头发扎起来，以免被吹风机卷入，造成危险。

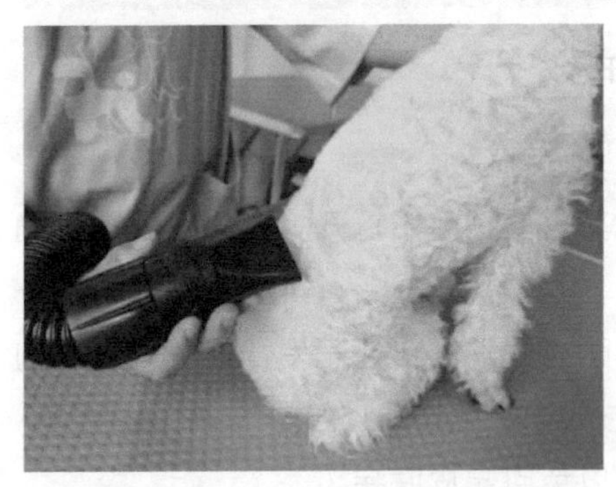

图1-3-6 用吹水机吹水

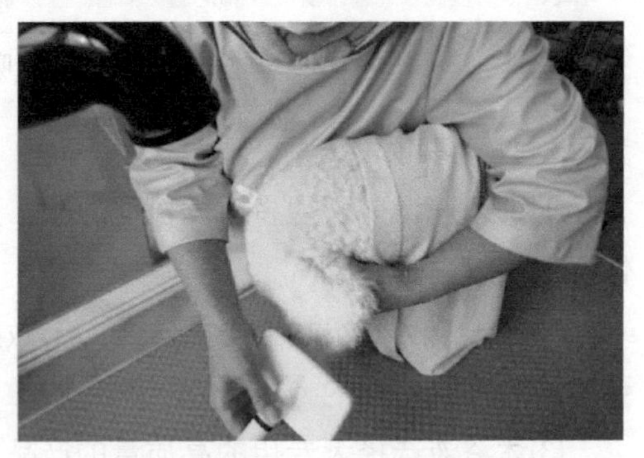

图1-3-7 用吹风机吹干

①尾巴的吹干方法：由助手拎起尾巴，美容师左手拿针梳、右手拿吹风机，沿尾尖向尾根部边梳边吹，此时应逆毛进行，直到把尾部吹干为止。

②四肢及肚皮的吹干方法：吹风机可以稍微接近身体内侧，或让助手将犬抱起使其直立站起，方便吹干。此处不能用针梳梳理，而是用手边抚摸被毛边吹干。

③头部及前胸吹干的方法：头部吹干时，可遮住犬的眼睛和耳道，不使风进入，从而避免犬的反感。吹干头部时不能用针梳梳理被毛，以免扎到犬的眼睛或其他敏感部位。

完全吹干后，用针梳或美容师梳对犬全身被毛梳理一遍。

3. 注意事项

①吹水机噪声太大，很多犬不喜欢用吹水机吹，注意犬的表现，及时采取对应措施。

②需要拉直毛发做造型修剪的犬应吹至半干。

环节八：剃脚底毛

【知识学习】

相关知识见单元一任务一“短毛犬基础护理”。

【技能训练】

1. 所需用品

小电剪、5#直剪、美容师梳。

2. 内容及步骤

①准备好剃脚底毛所需用品。

②按照修剪趾甲的方法固定好犬。

③犬脚掌周围的毛发较长，剃脚底毛前，用直剪将脚掌周围的毛发剪掉。

④用小电剪将脚垫之间的毛发剃干净。

3. 注意事项

①脚掌周围的毛不要剪得太短，以免妨碍腿部美观。

②修剪脚底毛的同时，还应检查脚垫、脚掌内侧是否有伤。

环节九：剃腹底毛

【知识学习】

相关知识见单元一任务二“中长毛犬基础护理”。

相关设备和工具

1. 电(动)剪

(1)用途　用于剃除宠物被毛，进行简单修剪或造型。

(2)种类　分为电磁震荡式和马达回转式。电磁震荡式为美式电剪，速度快，但容易因高温而烫手，需要配合冷却喷雾使用。马达回转式为日式电剪，运转速度较慢，但机身较轻。

(3)使用说明

①最好是握笔式，手握电剪要轻、灵活(图1-3-8)。

②平行于皮肤滑过，移动时要缓慢、稳定。

③皮肤敏感部位应避免用过薄的刀头，不能反复在皮肤上移动刀头。

④皮肤褶皱部位要用手指展开皮肤，避免划伤。

⑤耳朵皮肤薄、软，剃耳朵时要将耳朵平铺在手掌上，小心平推，注意压力不可过大。

⑥不可使用宠物电剪剪人的毛发，这样会缩短电剪的使用寿命。

2. 刀头

(1)用途　配合电剪使用，根据宠物的被毛长度和疏密程度以及造型修剪要求的长度，选择不同型号的刀头(图1-3-9)。

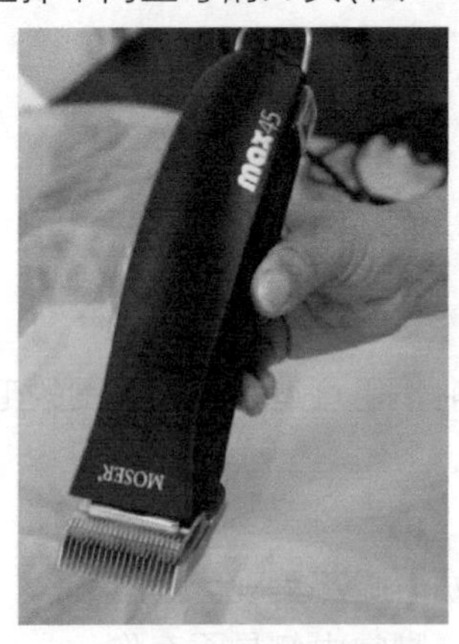

图1-3-8　电动剪的握法

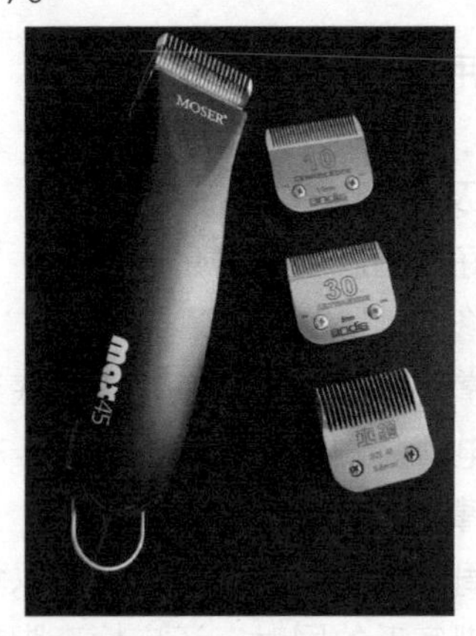

图1-3-9　电剪及刀头

(2)种类

30#(0.25mm)：用于剃足底、下腹和肛门周围的被毛以及贵宾犬的造型。

15#(1mm)：用于剃耳朵。

10#(1.6mm)：适用范围广，适合犬的全身被毛剃除和局部修整。

7#(3.2mm)或5#(6.3mm)：在给长毛犬或卷毛犬做短型剪法时，用于剃出大致造型，还可用于剃梗类犬的背部。

4#(9mm)：用于贵宾犬、京巴犬、西施犬的身躯修剪。

(3)刀头的保养　在刀头使用前要先去除防锈保护层，每次使用完后都要彻底清洗，并涂上润滑油，坚持做周期性的保养。

①去除防锈保护层：在一小碟去除剂中浸泡刀头，使之完全浸泡在试剂中，1min后取出刀头，吸干试剂，涂上一薄层润滑油，用软布包好收起。

②使用中应避免刀头过热。

③冷却剂不仅能冷却刀头，而且还会除去黏附的细小毛发和留下的润滑油残渣。使用方法是：卸下刀头，正、反面均匀喷洒，几秒钟后即可降温，冷却剂自然挥发。

【技能训练】

1. 所需用品

电剪、10#刀头、皮肤膏。

2. 内容及步骤

①准备好剃腹底毛需要的工具。

②按照剃腹底毛的姿势固定好犬，将犬的腹底毛梳开、梳顺。

③根据犬的性别，按照要求将腹底毛剃干净。

④涂抹皮肤膏。

3. 注意事项

①犬腹部皮肤薄嫩，使用电剪时要小心，千万不要剃伤皮肤和乳头。

②剃毛要尽量快速准确。

③用电剪剃腹底毛时，不要动作太碎、反复剃，这样容易使犬过敏。

④公犬生殖器上留 3cm 左右的毛作为引导线，防止犬在排尿时弄得到处都是。

思考与讨论

1. 写出 6 种长毛犬的常见品种。
2. 涂抹沐浴液时有哪些注意事项?
3. 哪些犬不能洗澡?
4. 使用电剪有哪些注意事项?

考核评价

一、技能考核评分表

序号	考核项目	测评人			综合成绩
		自我评价（15%）	小组互评（25%）	教师评价（60%）	
1	工具使用、基础美容操作流程				
2	基础美容效果				
总成绩					

二、情感态度考核评分表

序号	考核项目	测评人			综合成绩
		自我评价（15%）	小组互评（25%）	教师评价（60%）	
1	团队合作能力				
2	组织纪律性				
3	职业意识性				
总成绩					

三、考核内容及评分标准

考核内容	考核项目	评分标准	分值（分）
技能	方案制订	根据犬毛发的特点，方案科学合理，步骤正确	20
		根据犬毛发的特点，方案基本科学，步骤有 3 处错误	12
		根据犬毛发的特点，方案基本科学，步骤有 4 处错误	0
	工具使用、基础美容操作流程	操作中，流程衔接流畅，工具选择正确，操作规范、较熟练	30
		操作中，流程衔接有 2 处衔接不流畅，工具选择有 2 处错误，操作较规范、熟练	18
		操作中，流程衔接有 4 处衔接不流畅，工具选择有 4 处错误，操作较规范、熟练	0
技能	基础美容效果	美容后，毛发通顺，耳朵清洗干净，趾甲修剪干净，脚底毛基本能剃干净	20
		美容后，毛发通顺，有 20% 的结没有打开，脚底毛能剃掉 60%	12
		美容后，毛发通顺，有 50% 的结没有打开，脚底毛基本没有剃	0
情感态度	团队合作能力	积极参加小组活动，团队合作意识强，组织协调能力强	10
		能够参与小组课堂活动，具有团队合作意识	6
		在教师和同学的帮助下能够参与小组活动，主动性差	0
	组织纪律性	严格遵守课堂纪律，无迟到或早退，不打闹，学习态度端正	10
		遵守课堂纪律，有迟到或早退现象，有时做与课程无关的事情，学习态度较好	6
		不遵守课堂纪律，迟到或早退，做与课程无关的事情，并不听教师劝阻，态度差	0
	职业意识性	有较强的安全意识、节约意识、爱护动物的意识	10
		安全意识较差，固定姿势有 2 处错误，节约意识不强	6
		安全意识较差，固定姿势有 4 处错误，节约意识差	0

任务四　卷毛犬基础护理

【任务描述】

客户带着贵宾犬来到宠物美容店，希望给犬进行一次基础护理，宠物美容师按工作要求完成犬的接待和基础护理工作。

【任务目标】

1. 掌握卷毛犬被毛的刷理和梳理方法。
2. 掌握卷毛犬基础护理的方法、需要的美容工具及使用方法。
3. 掌握剃脚底毛的方法和卷毛犬拉毛的方法。
4. 熟练掌握犬的基础护理流程。

【任务流程】

犬的健康检查—被毛的刷理与梳理—清洗耳朵—清洗眼睛—修剪趾甲—洗澡—吹干—剃脚底毛—剃腹底毛

环节一：犬的健康检查

相关知识见单元一任务一“短毛犬基础护理”。

环节二：被毛的刷理与梳理

【知识学习】

一、卷毛犬的毛发特点及刷理

卷毛类犬常年不换毛，被毛不断生长，除了日常的基础护理外，每 6 ~ 8 周需定期造型修剪 1 次。卷毛短毛犬，每 2 ~ 3 天需刷一次。有长绒毛的应先梳后刷，否则稍不注意容易形成小块擀毡。卷毛犬在 14 周龄左右开始梳理被毛。

二、卷毛犬常见品种

标准贵宾犬、迷你和玩具贵宾犬、比熊犬、贝林顿梗、美国水猎犬、爱尔兰水猎犬、凯利蓝梗、可蒙犬、葡萄牙水猎犬、波利犬。

三、常用设备和工具

相关知识见单元一任务二“中长毛犬基础护理”。

【技能训练】

1. 所需用品

钢丝梳、美容师梳、开结刀。

2. 内容及步骤

①准备好被毛刷理和梳理需要的用品。

②将犬抱上美容台，用牵引绳将其固定好，以便于操作(具体固定方法见单元一任务一“短毛犬基础护理”)。

③用钢丝梳从犬的左侧后肢开始梳理，从下向上，从左至右，按后肢—臀部—身躯—肩部—前肢—前胸—颈部—头部的顺序(图 1-4-1)，将毛发一层一层地梳理通顺。如果遇到有毛结的地方，按照毛结去除的方法将毛结打开。

④用美容师梳宽齿部分将犬全身的毛发梳一遍，然后用细齿部分再梳一次。

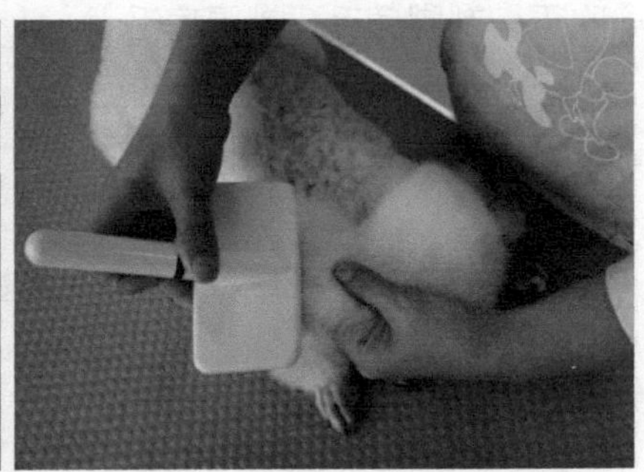

图 1-4-1　用钢丝梳梳理毛发

3. 注意事项

①梳理卷毛犬毛发时，不能只梳表面的毛发而忽略下面底毛的梳理，应该一层一层地进行，对其底毛进行梳理。

②梳完后，全身的皮毛应该没有任何缠在一起的毛结，尤其要注意耳后、腋下和后腿根部的毛发是否完全梳理通顺。

③犬的被毛沾污严重时，在梳毛的同时，应配合使用护发素(1000 倍稀释)或婴儿爽身粉。

④注意观察犬的皮肤，清洁的粉红色为良好，如果呈现红色或有湿疹，则有寄生虫、皮肤病、过敏等可能性，应及时就医治疗。

⑤发现虱、蚤、蜱等寄生虫寄生时，及时用细的钢丝刷刷拭，或用杀虫药物治疗。

环节三：清洗耳朵

【知识学习】

相关知识见单元一任务一“短毛犬基础护理”。

【技能训练】

1. 所需用品

洗耳液、耳粉、医用棉球、弯头止血钳。

2. 内容及步骤

①准备好清洗耳朵需要的用品。

②用清洗耳朵的方法清洗耳道，如果犬的耳朵有耳毛，要先拔耳毛。

3. 注意事项

①用手拔耳朵时一次不要拔太多，而且动作要轻柔。

②犬不太喜欢清洗耳朵，所以动作要迅速。

③不能用木质棉签去清洗耳朵，防止棉签棒断裂留在耳朵里出不来，引起发炎。

④清洗耳朵时观察耳朵是否有疾病，如有疾病应建议主人及时送犬就医。

环节四：清洗眼睛

【知识学习】

相关知识见单元一任务一“短毛犬基础护理”。

【技能训练】

1. 所需用品

2% 的硼酸、脱脂棉、滴眼液、眼药水。

2. 内容及步骤

①准备好洗眼液和脱脂棉等相关用品。

②一只手用清洗眼睛的固定方法固定好犬，另一只手持眼药水或滴眼液置于眼睛后上方，每次滴1～2滴。

③用湿棉球将眼内及周围的脏物擦干净。

3. 注意事项

①清洗眼睛时，要固定好头部，动作要迅速。

②滴眼液的滴管尖不要靠眼球太近，防止扎到眼球。

③如犬眼睛周围毛较多，要经常梳理眼睫毛，并适当剪短周围的毛。

环节五：修剪趾甲

【知识学习】

相关知识见单元一任务一“短毛犬基础护理”。

【技能训练】

1. 所需用品

趾甲钳、趾甲锉、止血粉。

2. 内容及步骤

①准备好剪趾甲需要的用品。

②根据犬的表现，采用相应的固定犬的方法，使犬身体保持稳定。

③长毛犬的足部毛发较长，将足部的毛发撩起，露出趾甲，按照修剪趾甲的方法修剪即可。

④如果将犬趾甲剪出血，要紧紧捏住趾甲的根部止血，并及时消毒、涂抹止血粉。方法是将止血粉洒在出血处，用手按压10s左右，使其停止出血。

3. 注意事项

①剪趾甲前先观察犬趾甲的颜色，白色的趾甲好剪，黑色的趾甲较难剪。

②趾甲色素浓的犬类不能看到血管，应该一点一点地向后剪。例如，剪黑趾甲时要一点点剪，剪到看见趾甲断面有些潮湿时即可。

③多数卷毛犬需要做造型，足部会露出，所以，趾甲应尽可能修剪到最短，使得造型美观。

环节六：洗澡

【知识学习】

相关知识见单元一任务三“长毛犬基础护理”。

【技能训练】

1. 所需用品

浴缸、热水器、消毒液、橡皮刷、美容台、吹水机、美容师梳、针梳、吹风机、吸水毛巾、香波、护毛用品等。

2. 内容及步骤

①准备好洗澡吹干用的设备和工具。

②预热烘干箱，温度在 40～45℃，夏季温度低点，冬季可以高点。

③调试水温：夏季水温一般控制在 32～36℃；冬季水温一般控制在 35～42℃。可用手腕内侧试水温。

④淋湿(打湿)被毛：右手拿淋浴器头，左手固定犬，将犬全身淋湿。淋湿的顺序是：先淋背部、臀部，然后是四肢及胸、腹部，再淋前肢及下颌，最后是头部。

淋湿头部时，将淋浴器头放在犬头上方，水流朝下，由额头向颈部方向冲洗。耳朵要采用下垂式冲洗，先由额头上方向耳尖处冲洗，再翻转耳内侧，用手轻轻将耳内侧的毛发打湿。眼角周围及嘴巴周围的毛发也要用双手将其慢慢地打湿。

⑤清洁肛门腺：用左手握住犬的尾根部，露出肛门口。右手拇指和食指按住四点和八点部位的肛门腺，向内挤压后向外揉拉，即可挤出分泌物。挤出的分泌物如果带脓血，说明被感染，要建议主人尽快带宠物就医。

⑥涂抹香波：用手或海绵块将犬全身被毛涂抹稀释过的沐浴液，要涂遍全身每个部位。如果涂抹的是除虱的沐浴液，一定要从头向后洗，防止跳虱跑到犬的脸部和耳中。浴液涂好后用双手进行全身的揉搓按摩，使沐浴液充分地被吸收并产生丰富的泡沫。

⑦冲洗：冲洗方法与前面被毛打湿的方法基本相同。用左手或右手从下颌部向上将两耳遮住，用清水轻轻地从犬头顶往下冲洗。然后由前往后将躯体各部分用清水冲洗干净。冲洗的次数以 2～4 次为宜。

⑧涂抹护毛素：需要使用护毛素时，按照护毛素使用说明，使护毛素在犬毛上停留一段时间，然后冲洗干净。

⑨用吸水毛巾吸干犬身上的水分：用消过毒的吸水毛巾吸干犬身上的水分，直到四肢的毛拧不出水为止。

3. 注意事项

①洗澡前必须将毛发梳理通顺，尤其是要把毛结打开。毛发特别脏的情况下可以先洗澡。

②处于下列情况的犬不能洗澡：未做好防疫的幼犬；处于发情期的母犬；初到新家的犬；生病的犬（感冒、流鼻涕），在犬康复后10~15天才能洗澡。

③沐浴液选择犬专用的高质量的产品，以免引起皮肤病。

④卷毛犬如果需要做造型，基础护理时不能涂抹护毛素，因为毛发会变软，修剪时，毛发不容易挑起，不易造型。

环节七：吹干

【知识学习】

相关知识见单元一任务一“短毛犬基础护理”。

【技能训练】

1. 所需用品

吸水毛巾、吹水机、吹风机、钢丝梳、美容师梳。

2. 内容及步骤

①擦干：用吸水毛巾将犬头及身体包裹住，直到将体表的水分完全擦干。

②用吹水机从背部开始逆着毛发生长的方向，贴着皮肤向外吹水，可见毛发内的水呈喷雾状被吹出体外。因为卷毛犬需要将毛发拉直，所以用吹水机将毛发吹至五六成干。

③吹干拉直：一只手拿吹风机，另一只手拿针梳（或固定吹风筒），由背部开始，边用针梳梳理被毛边吹干。吹风机风力可以适当调小，利用吹风机的风压把毛发分开，露出皮肤，显示出毛发走向，沿着毛发走向方向梳理毛发。梳理时要配合一个拉直的动作，把卷曲的毛发拉直，不要拉直太快（图1-4-2）。为了防止毛发在没有拉直时就干了，可以用吸水毛巾将没有拉直的部位盖住，防止水分快速蒸发（图1-4-3）。

吹风机与犬保持20cm的距离。吹风的温度要以不烫手为宜，风速可以稍微大一些。吹风机不用时放在地上，不能放在美容台上，进风口要定期清理。美容师头发长时要扎起来，防止被吸进进风口。

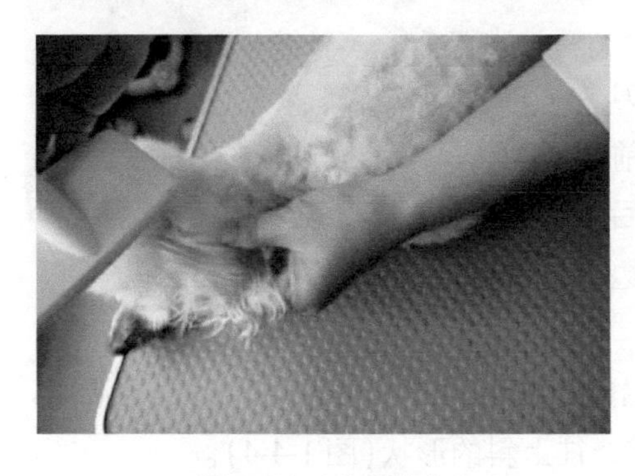

图1-4-2 吹干拉直

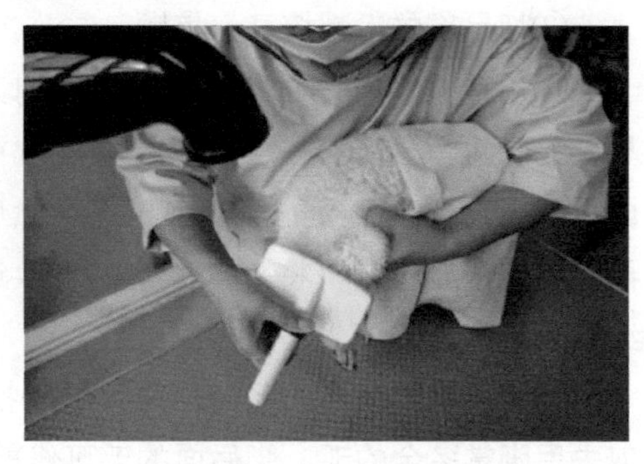

图1-4-3 吸水毛巾的使用

④全身的毛发都要吹干拉直，尤其是腋下、后腿根和耳后的毛发。毛发拉直后，对犬全身被毛再用美容师梳梳理一遍，确保全身毛发梳通拉直。如果有局部没有拉直，可以用喷壶将局部喷湿，再用拉直的方法将其拉直。

3. 注意事项

①吹水机噪声太大，很多犬不喜欢，应注意犬的表现，及时采取对应措施。

②毛发一定要趁着没干的时候拉直，要边吹干边拉，如果毛发彻底干了，就不能拉直。可以用喷壶喷湿未拉直的部分再拉直。

③用吹水机吹头部。大部分的犬不喜欢吹头，如果硬来可能会造成被犬咬伤。一般应从小风开始吹，边吹边看犬的反应，如果犬不反抗或没什么过激反应，可以逐渐加大风力，直至犬适应。

环节八：剃脚底毛

【知识学习】

相关知识见单元一任务一“短毛犬基础护理”。

【技能训练】

1. 所需用品

小电剪、美容剪、美容师梳。

2. 内容及步骤

图 1-4-4 修剪脚掌后面的毛

①准备好剃脚底毛所需用品。

②按照修剪趾甲的方法固定好犬。

③把足部的毛都梳开、梳顺。

④用直剪修剪正面和侧面的毛，剪刀与犬的脚趾呈 45°，按照趾甲的弧度从前面平剪一刀，将大致的形状剪出来，然后再往两旁慢慢修圆，将脚掌上方的大致边线修剪整齐。

⑤修剪脚掌后面的毛时，将犬的脚抬起，把毛向下梳理开，剪刀贴平脚掌，剪去后脚掌多余的毛。脚后面的毛可修剪成往上斜的形状(图 1-4-4)。

⑥脚掌内各个脚垫之间的短毛可以使用小电剪修剪。方法是：将脚掌向上翻转，用食指和拇指把要剃毛的部分分开，再用电剪将多余的毛剃除(图 1-4-5)，使犬的脚垫充分暴露出来即可(图 1-4-6)。

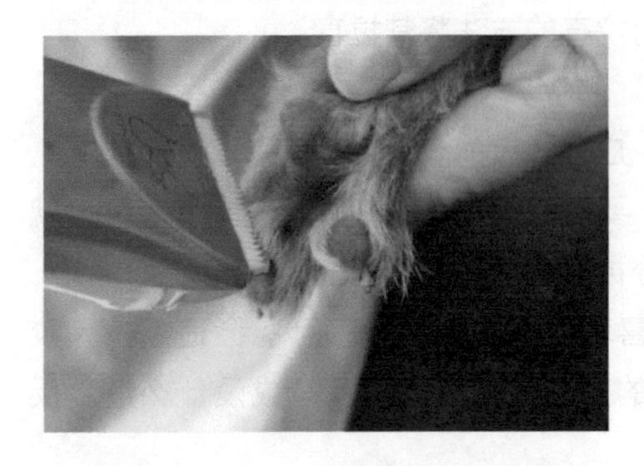

图 1-4-5 用小电剪修剪脚垫间的短毛

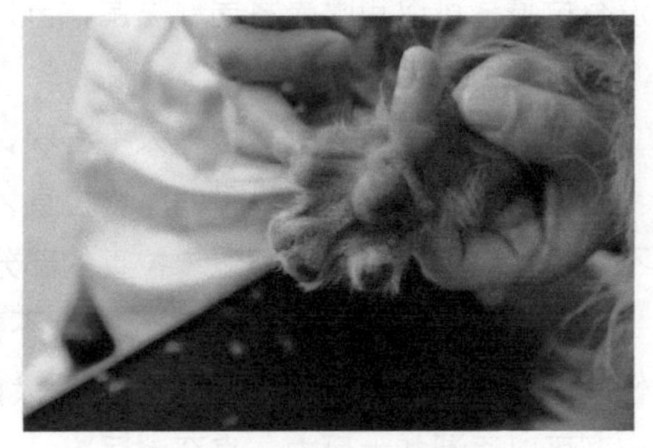

图 1-4-6 露出脚垫

3. 注意事项

①让犬自然站立，仔细观察脚部的毛是否修剪整齐，修剪后的毛应与地面呈 45°，这样，既显得可爱又不容易沾上脏东西。

②在修剪脚底毛的同时，还应检查脚垫、脚掌内侧是否有伤。

③除贵宾犬外，趾部外围的毛一般不宜修剪太多，否则会影响美观。

④脚部周围的毛修剪成圆形，4 个小脚垫和大脚垫之间的毛剪干净，4 个小脚垫之间的毛剪至与脚垫平行即可。脚垫周围的毛剪至与脚垫平行。

环节九：剃腹底毛

【知识学习】

相关知识见单元一任务二“中长毛犬基础护理”。

【技能训练】

1. 所需用品

电剪、10#刀头、皮肤膏。

2. 内容及步骤

①准备好剃腹底毛需要的工具。

②按照剃腹底毛的姿势固定好犬，将犬的腹底毛梳开、梳顺。

③根据犬的性别，按照要求将腹底毛剃干净。

④涂抹皮肤膏。

3. 注意事项

①犬腹部皮肤薄嫩，使用电剪时要小心，千万不要剃伤皮肤和乳头。

②剃毛要尽量快速准确。

③用电剪剃腹底毛时，不要动作太碎、反复剃，这样容易使犬过敏。

④公犬生殖器上留3cm左右的毛作为引导线，防止犬在排尿时弄得到处都是。

思考与讨论

1. 犬模特的毛发有何特点?
2. 写出6种卷毛犬常见品种。
3. 犬的洗澡频率一般是多长时间?
4. 写出卷长毛犬基础美容操作流程。
5. 简述拉直卷毛犬毛发的要点。

考核评价

一、技能考核评分表

序号	考核项目	测评人			综合成绩
		自我评价（15%）	小组互评（25%）	教师评价（60%）	
1	工具使用、基础美容操作流程				
2	基础美容效果				
总成绩					

二、情感态度考核评分表

序号	考核项目	测评人			综合成绩
		自我评价（15%）	小组互评（25%）	教师评价（60%）	
1	团队合作能力				
2	组织纪律性				
3	职业意识性				
总成绩					

三、考核内容及评分标准

考核内容	考核项目	评分标准	分值（分）
技能	方案制订	根据犬毛发的特点，方案科学合理，步骤正确	20
		根据犬毛发的特点，方案基本科学，步骤有1处错误	12
		根据犬毛发的特点，方案基本科学，步骤有3处错误	0
	工具使用、基础美容操作流程	操作中流程衔接流畅，工具选择正确，操作规范、较熟练	30
		操作中流程衔接有2处衔接不流畅，工具选择有2处错误，操作较规范、熟练	18
		操作中流程衔接有3处衔接不流畅，工具选择有3处错误，操作较规范、熟练	0
	基础美容效果	美容后，毛发通顺，基础美容完成良好，80%的毛发基本拉直	20
		美容后，毛发通顺，基础美容完成良好，脚底毛有部分没修剪干净，60%的毛发基本拉直	12
		美容后，毛发通顺，基础美容完成良好，脚底毛大部分没修剪干净，30%的毛发基本拉直	0

（续）

考核内容	考核项目	评分标准	分值（分）
情感态度	团队合作能力	积极参加小组活动，团队合作意识强，组织协调能力强	10
		能够参与小组课堂活动，具有团队合作意识	6
		在教师和同学的帮助下能够参与小组活动，主动性差	0
	组织纪律性	严格遵守课堂纪律，无迟到或早退，不打闹，学习态度端正	10
		遵守课堂纪律，有迟到或早退现象，有时做与课程无关的事情，学习态度较好	6
		不遵守课堂纪律，迟到或早退，做与课程无关的事情，且不听教师劝阻，态度差	0
	职业意识性	有较强的安全意识、节约意识、爱护动物的意识	10
		安全意识较差，固定姿势有2处错误，节约意识不强	6
		安全意识较差，固定姿势有4处错误，节约意识差	0

任务五　宠物猫基础护理

【任务描述】

客户带着一只波斯猫来到宠物美容店，希望给猫做一次基础护理，宠物美容师按工作要求完成猫的接待和基础护理工作。

【任务目标】

1. 掌握宠物猫基础护理的内容和特点。
2. 掌握控制宠物猫的方法。
3. 掌握宠物猫基础护理的操作方法和要点。

【任务流程】

猫的健康检查—修剪趾甲—毛发的刷理与梳理—清洗耳朵—洗澡、吹干

环节一：猫的健康检查

【知识学习】

一、健康猫的标准

判断猫是否健康可以从鼻子、皮毛、眼睛、耳朵、口腔、肛门、精神状态等多个方面观察。

1. 鼻子

健康猫的鼻头是湿润的，不会出现流鼻涕、发干和沉积物。如果鼻子发白，有可能是缺铁性贫血，需要重视。如果出现流鼻涕和鼻头发干的情况，多半是感冒了，若鼻涕是青黄色，则可能是猫瘟。鼻前端应该湿而凉，没有过多的分泌物。鼻子干燥时，说明猫可能患有热性疾病(如传染病)。

2. 皮毛

健康猫的皮毛浓密、柔软、富有光泽，无秃斑，不毛躁、不打结，更不会大把大把掉毛。被毛皮肤不发红、无肿块。无虱、蚤等寄生虫。

3. 眼睛

健康猫的眼睛明亮，不流泪，没有任何分泌物，左、右眼大小一致。

4. 耳朵

健康猫在安静状态下对主人的呼唤或其他声响反应灵敏，闻声后两耳前后来回摆动。耳朵粉嫩干净，不会有出油或黑色异物等出现。

5. 口腔

口的周围应清洁干燥，不附有唾液和食物，无口臭，齿龈、舌和上腭呈粉红色，牙齿白色或微黄，不缺齿。

6. 肛门

肛门和外生殖器，均应清洁、无分泌物，附近的被毛上不应沾有粪便污物。如果污秽不堪，表明可能患有下痢或生殖系统疾病。

7. 精神状态

健康猫对声音和晃动的反应及时准确。

【技能训练】

1. 所需用品

检查手套、伊丽莎白圈、大块毛巾。

2. 内容及步骤

①让主人协助给猫戴上伊丽莎白圈，如果有需要，可以用大块毛巾包裹猫的身体，让猫有安全感。

②按照健康猫的标准检查皮毛、眼睛、肛门、耳朵、口腔、鼻子和精神状态。如果发现问题应及时处理。

3. 注意事项

①对猫进行健康检查时，一定要确保固定姿势，防止被猫抓咬。

②按照检查表要求，认真检查猫的健康状态。

③及时将检查结果与主人沟通，美容前发现身上出现的伤口或问题，要提前告知主人，并签字确认，以免主人认为是在护理过程中造成的伤害。

环节二：修剪趾甲

【知识学习】

猫爪前端带钩，十分锐利，如果猫的趾甲过长，不仅破坏家中的物品，也会抓伤人。尤其是在以后的操作中，容易抓伤美容师，这也是很多宠物店不愿意为猫洗澡的原因。而且猫经常舔趾甲，易感染细菌。猫的趾甲修剪与犬相似。

【技能训练】

1. 所需用品

趾甲钳、趾甲锉、止血粉。

2. 内容及步骤

①准备好剪趾甲需要的用品。

②固定好猫，抓住猫的脚，用拇指和食指轻轻挤压趾甲根后面的皮肤，趾甲便会出来，用小号趾甲钳按照犬趾甲的修剪方法，把趾甲修剪干净(图 1-5-1)。

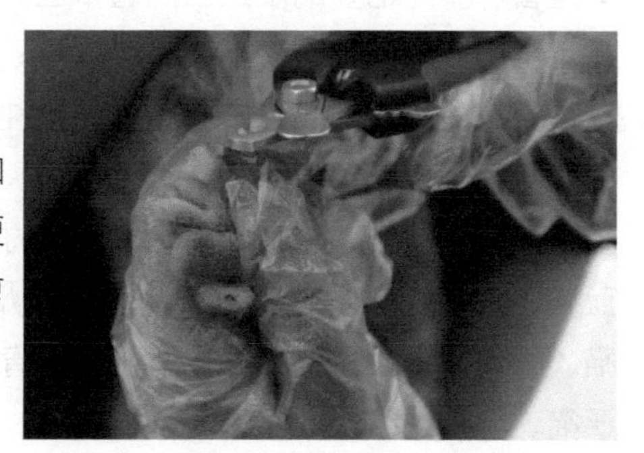

图 1-5-1　修剪猫趾甲

3. 注意事项

①注意不要剪到有血管和神经分布的知觉部。

②如果将趾甲剪出血，要紧紧捏住趾甲的根部止血，并及时消毒、涂抹止血粉。方法是将止血粉洒在出血处，用手按压 10s 左右，使其停止出血。

环节三：毛发的刷理与梳理

【知识学习】

一、猫的品种分类

根据被毛的长短分为长毛猫、短毛猫和无毛猫。

1. 长毛猫

长毛猫是一种以毛发长、软、平滑著称的猫。体型为大型或中型，粗壮、腿短、头大而圆、鼻扁、尾短多毛。眼大而圆，呈蓝、橙、金、绿或铜色，与毛色一致。毛软、纤细。颈部多毛，形如皱领。毛色多样。单色者有白、黑、蓝、红及奶油色。而带花纹者有：银色与黑色间杂（烟色）；银、棕、蓝、红色带深色花纹（虎斑色）；白色而略显发黑（灰鼠皮色）；奶油色、红色及黑色（龟板色）；龟板色而有白色斑点；蓝灰色与奶油色掺杂（蓝奶油色）及双色等。龟板色、蓝奶油色猫及斑点猫几乎全为雌性，若为雄性则多不育。蓝眼白猫可能耳聋。

常见品种有东方长毛猫、美国卷耳猫、拉邦猫、英国长毛猫、布履阑珊猫、狸花猫、山东狮子猫。

2. 短毛猫

短毛猫都拥有非常悠久的历史，它们外形可爱迷人，人们也一直对短毛猫品种喜爱有佳。特别是在 20 世纪后，人们对于这种毛发较短、体型粗壮浑圆的猫更是喜欢。短毛猫的足迹已经遍布世界各地，成为时下最为流行的宠物猫。

主要品种有英国短毛猫、印度猫、加州闪亮猫、波米拉猫、小精灵短尾猫、荒漠猫、曼切堪猫、日本短尾猫、异种短毛猫、雪鞋猫、美国刚毛猫、美国短毛猫、哈瓦那棕猫、新加坡猫、狮子猫、欧西猫、孟加拉猫、柯拉特猫、塞伦盖蒂猫、热带草原猫、曼岛猫、尼猫、东方猫、德文卷毛猫、柯尼斯卷毛猫、传教士蓝猫、重点色短毛猫、云猫、四川简州猫、欧式缅甸猫、暹罗猫、苏格兰折耳猫、缅甸猫、孟买猫、俄罗斯蓝猫、肯尼亚猫、德国卷毛猫、埃及猫、阿比西尼亚猫、玩具虎猫。

3. 无毛猫

无毛猫又称为斯芬克斯猫（Sphynx）、加拿大无毛猫，是加拿大安大略省多伦多市养猫爱好者在 1966 年从一窝几乎是无毛的猫仔中，经过近交选育，特意为对猫毛过敏的爱猫者培育成的。这种猫是自然的基因突变产生的宠物猫，除了在耳、口、鼻、尾前段、脚等部位有些又薄又软的胎毛外，其他全身部分均无毛，皮肤多皱、有弹性。加拿大无毛猫性情温顺，独立性强，无攻击性，能与其他猫、犬相处。

二、猫的毛发护理

1. 猫的毛发护理的重要性

猫天生喜欢干净，会经常用舌头舔自己的毛发以去除身上的污垢。每天给猫进行毛发护理，可以除去污垢、虱子，防止毛球的产生。刷理和梳理毛发有利于血液循环，促进皮肤的新陈代谢。定期抚摸猫还可以检查猫的身体状况。抚摸猫也是与猫进行交流的机会，可增进与猫的感情。

2. 短毛猫的刷理与梳理

①用钢丝刷或金属密齿梳顺着毛的方向由头部向尾部梳刷。

②用橡皮刷沿毛的方向进行刷理。

③梳刷后，可用丝绒或绸子顺着毛的方向轻轻擦拭按摩被毛，以增加被毛的光泽度。

④梳理顺序是先从背侧按照头部—背部—腰部的顺序进行，然后将猫翻转过来，再从颈部向下腹部梳理，最后梳理腿部和尾部。短毛猫因为毛质较硬、毛发较短，每周梳理 2 次即可，每次约 30min。

⑤短毛品种平时进行被毛护理时，使用一块柔软湿布轻轻抚摸被毛，即可达到去除死毛和污垢的作用，只有当被毛污垢很明显时，再进行刷洗处理。

3. 长毛猫的刷理与梳理

①长毛品种要每天刷毛 1 次，每次以 5min 为宜。

②用钢丝刷清除体表脱落的被毛，尤其是臀部，此部位脱落的被毛很多。

③刷子和身体形成直角，从头至尾顺毛刷理；当被毛污垢较难清除时，可逆毛梳理。

④用宽齿梳逆向梳理，梳通缠结的被毛，有助于被毛蓬松，还能清除被毛上的皮屑。

⑤颈部的被毛用宽齿梳逆向梳理，可将颈部周围脱落被毛梳掉，同时形成颈毛。

⑥面颊部的被毛用蚤梳或牙刷轻轻梳刷，注意不要损伤到眼部。

⑦当猫的被毛又脏又潮时，可先撒些爽身粉，再进行梳理，毛就很容易变得松散了。

【技能训练】

1. 所需用品

刷子、梳子、毛巾、美容师梳。

2. 内容及步骤

①根据猫的毛发特点，准备好相应的梳理工具。

②按照猫的不同毛发梳理要求进行梳毛，梳理方法与犬相同。

3. 注意事项

①梳理被毛前，若能用热水浸湿的毛巾先擦拭猫的身体，被毛会更光亮。

②梳刷被毛时应使用专门的工具，不能使用人用的梳子和刷子。最好选择不易起静电的鬃毛刷。

③梳毛时动作应柔和细致，防止被毛被拉断。梳理敏感部位(如外生殖器附近)的被毛时尤其要小心，避免引起猫的紧张、疼痛。

④梳刷时用力适度，避免不必要的拉拽，同时注意不要划伤猫的皮肤。

⑤梳毛时观察猫的皮肤，清洁的粉红色为良好。如果有外伤则需要及时处理；如果呈现红色，则可能有湿疹，或者可能患有寄生虫病、皮肤病等疾病，应及时通知宠物主人将猫送医治疗。

⑥发现虱、蜱、蚤等寄生虫的虫体和虫卵后，应及时用钢丝刷进行刷拭，或使用杀虫药物进行治疗。

⑦猫比较难于控制，除了会咬人外，趾甲还会抓人，并且动作敏捷，在操作时要特别注意安全。要从小训练，定期梳理，养成习惯。在梳刷被毛前，最好先给猫剪趾甲以防止被抓伤。对于特别难控制的猫，最好由一位助手协助固定。

环节四：清洗耳朵

【知识学习】

猫的耳朵和眼睛的清洗，清洗方法与犬相同，但是在对猫进行操作时，最好有人协助，并且给猫带上伊丽莎白圈。

【技能训练】

1. 所需用品

洗耳液、医用棉球、弯头止血钳。

2. 内容及步骤

①准备好清洗猫耳朵需要的用品。

②操作方法与犬的耳朵清洗方法相同。将耳廓垂直向上拉，向耳道内灌注洗耳液(图 1-5-2)，然后将耳廓向下拉，并把手放在头部使其不颤抖，用另一只手按摩耳根。按摩一段时间后，待洗耳液与耳垢充分结合并软化耳垢，松开手，猫会摇摆头部。随着甩头，耳垢会随着洗耳液一起被带出耳道，然后用棉球或药签将耳部擦干净(图 1-5-3)。如果耳朵里面有少量的耳垢没有甩出来，可以根据猫耳道的大小，把适量的脱脂棉绕在止血钳上，然后用洗耳液将棉球打湿，控制好猫的头部，将止血钳按照从耳朵下方至上方的方向擦拭。

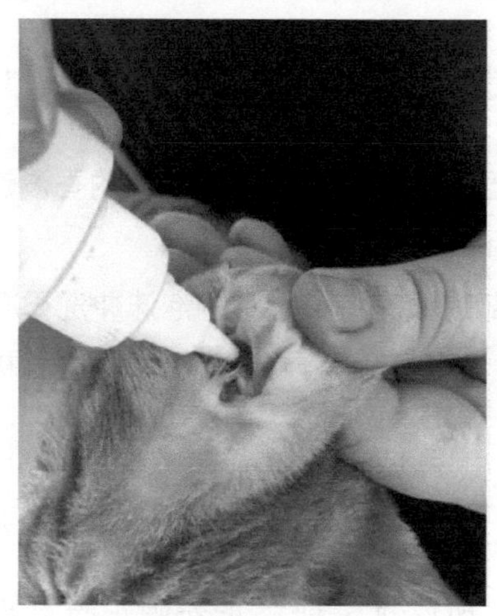

图 1-5-2　灌注洗耳液

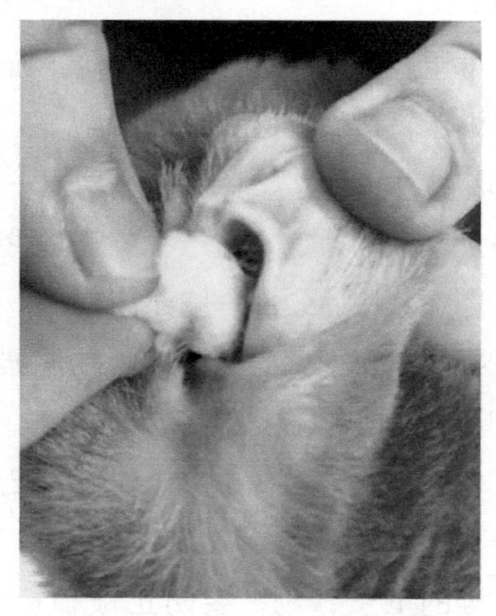

图 1-5-3　用棉球将耳部擦干净

3. 注意事项

①猫不太喜欢清洗耳朵，所以动作要迅速。

②切忌用木质棉签去清洗耳朵，防止棉签棒断裂留在耳朵中无法出来，引起发炎。

环节五：洗澡、吹干

【知识学习】

猫天生怕水，很少见到猫喜欢洗澡和吹风的。如果要为猫洗澡，应做好安全防护措施。

【技能训练】

1. 所需用品

浴缸、热水器、消毒液、香波、吸水毛巾、吹风机、钢丝梳、美容师梳、伊丽莎白圈。

2. 内容及步骤

①准备好给猫洗澡所需的所有物品，洗澡前可以先给猫套上伊丽莎白圈。

②要在温暖的环境洗，防止着凉，并要准备一条大浴巾备用。水温控制在35～38℃。

③淋湿：先从猫的足部开始，让猫适应水的温度。然后从颈背部开始，依次将全身淋湿，最后淋湿头部。

④涂抹沐浴液：按照颈部—身躯—尾巴—头部的顺序，将适量的香波涂抹在猫的身上，轻轻揉搓，注意不要忽略屁股和爪子的清洗。

⑤冲洗：按照颈部—胸部—尾巴—头部的顺序将猫全身的泡沫冲洗干净。

⑥擦干与吹干：先用吸水毛巾将猫包起来擦干，再用吹风机将全身被毛吹干，切记吹风机的温度过高。

⑦梳理：吹干后，再次梳理猫的皮毛。

3. 注意事项

①猫的爪子锋利，要防止被猫抓咬，所以洗澡前一定要确定将其趾甲剪干净。

②因为吹水机的噪声太大，所以不用吹水机吹，要用吹风机吹。

③猫对风敏感，吹干毛发时，可以根据猫的性格，选择猫相对安全的姿势，如抱住猫吹，以减少猫在整个美容过程中的压力。

思考与讨论

1. 猫的健康检查要检查哪些部位?
2. 猫的趾甲修剪一般在基础美容的哪步操作前进行?
3. 简述给猫洗澡的流程。

考核评价

一、技能考核评分表

序号	考核项目	测评人			综合成绩
		自我评价（15%）	小组互评（25%）	教师评价（60%）	
1	工具使用、基础美容操作流程				
2	基础美容效果				
总成绩					

二、情感态度考核评分表

序号	考核项目	测评人			综合成绩
		自我评价（15%）	小组互评（25%）	教师评价（60%）	
1	团队合作能力				
2	组织纪律性				
3	职业意识性				
总成绩					

三、考核内容及评分标准

考核内容	考核项目	评分标准	分值（分）
技能	方案制订	根据宠物猫的特点，方案科学合理，步骤正确	20
		根据宠物猫的特点，方案基本科学，步骤有 1 处错误	12
		根据宠物猫的特点，方案基本科学，步骤有 2 处错误	0
	工具使用、基础美容操作流程	操作中，流程衔接流畅，工具选择正确，操作规范、较熟练	30
		操作中，流程衔接有 1 处衔接不流畅，工具选择有 1 处错误，操作较规范、熟练	18
		操作中，流程衔接有 3 处衔接不流畅，工具选择有 3 处错误，操作较规范、熟练	0
	基础美容效果	美容后，基础美容完成良好，宠物猫毛发通顺，趾甲修剪干净	20
		美容后，基础美容完成良好，宠物猫毛发除腋窝处不通顺，趾甲基本修剪干净	12
		美容后，宠物猫毛发多处不通顺，趾甲基本没修剪	0

（续）

考核内容	考核项目	评分标准	分值（分）
情感态度	团队合作能力	积极参加小组活动，团队合作意识强，组织协调能力强	10
		能够参与小组课堂活动，具有团队合作意识	6
		在教师和同学的帮助下能够参与小组活动，主动性差	0
	组织纪律性	严格遵守课堂纪律，无迟到或早退，不打闹，学习态度端正	10
		遵守课堂纪律，有迟到或早退现象，有时做与课程无关的事情，学习态度较好	6
		不遵守课堂纪律，迟到或早退，做与上课无关的事情，并不听教师劝阻，态度差	0
	职业意识性	有较强的安全意识、节约意识、爱护动物的意识	10
		安全意识较差，固定姿势有 2 处错误，节约意识不强	6
		安全意识较差，固定姿势有 4 处错误，节约意识差	0

任务六　包毛技术

【任务描述】

客户的约克夏梗是赛级犬，比赛后，丝质毛发散着容易打结受损，现在需要将其毛发包起来。

【任务目标】

1. 熟知犬包毛技术需要的设备和工具。
2. 掌握犬包毛技术的操作方法和技巧。

【任务流程】

基础美容护理—毛发分区—包毛

环节一：基础美容护理

【知识学习】

具体内容见单元一任务三“长毛犬基础护理”。

【技能训练】

1. 所需用品

木柄针梳、美容师梳（排梳）、洗耳液、洗眼液、止血粉、趾甲刀、弯头止血钳、脱脂棉球、沐浴液、护毛素、吸水毛巾、吹水机、吹风机、电剪及刀头。

2. 内容及步骤

操作步骤参照单元一任务三“长毛犬基础护理”。

3. 注意事项

①确保毛发全部顺畅，没有毛结存在。

②使用护毛素，确保毛发柔顺。

环节二：毛发分区

【知识学习】

一、包毛的目的

包毛是用犬专用的材料，按照一定的操作程序将毛发包裹起来，从而起到保护毛发的作用。犬只比赛要求形象好，尤其毛发是其健康的一个重要表现，一些丝光质地的毛发直长，如果护理不好，会在日常生活中打结、分叉断裂。包毛可以预防毛发受损分叉断裂；加速毛发育成；使得犬外型美观、易整理（可防止毛发因沾到口水、食物、尿液或被眼睛分泌物沾染而变色）。另外一些毛发直长的小型犬，毛发很容易遮住它们的眼睛，从而挡住它们的视线，包毛能够将犬的眼睛露出来，看起来也更加的精神和清爽。

二、包毛的适用对象

包毛适用于毛可以从毛囊中持续生长而不会脱落的犬种，如马尔济斯犬、西施犬、约克夏犬、贵宾犬等。

三、毛发的分区

包毛的时候不能随便包，包毛后不能让犬有不适的感觉，不能影响犬的正常活动。约克夏梗犬包毛的毛发区域划分如图 1-6-1 所示。

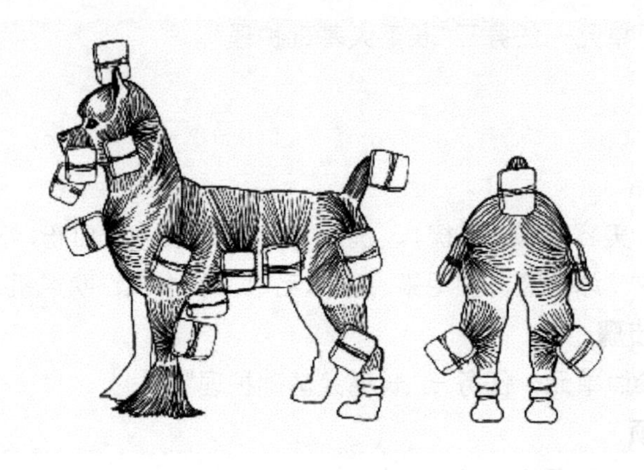

图 1-6-1　约克夏梗犬的毛发分区示意图(王艳丽和马明筠，2016)

【技能训练】

1. 所需用品

美容师梳、分界梳、防静电喷雾。

2. 内容及步骤

①确认需要包毛的犬只的毛发干净整洁、柔顺、无打结。用美容师梳将约克夏梗犬的毛发梳理通顺。在梳理过程中如果有静电，在犬身上喷洒一些防静电喷雾。使用喷雾时要与犬身体有一定距离，让喷雾自由降落即可。

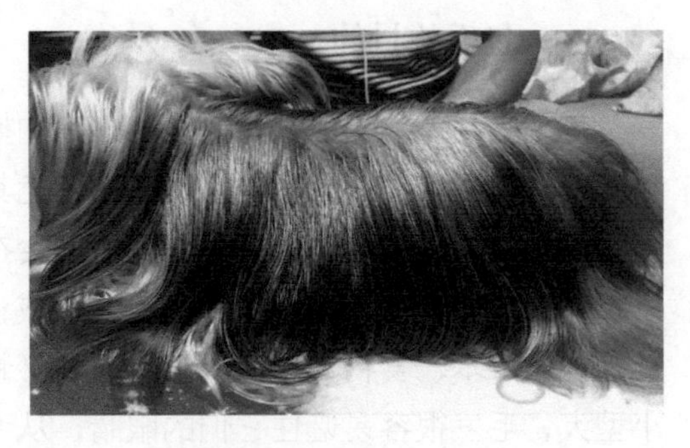

图 1-6-2　找出中心线

②找出中心线，从鼻尖开始，到头顶，然后到两耳中间，再到尾根找出中心线(图 1-6-2)。用金属质地的防静电分界梳沿中心线将毛发分成左、右两部分。然后根据约克夏梗犬的毛发分区要求，预估计要包毛的数量，准备好包毛纸。

环节三：包毛

【知识学习】

包毛用品简介

1. 包毛纸

包毛纸用于保护毛发和造型结扎的支撑，包括长毛犬发髻的结扎，以及全身被毛保护性的结扎，使毛发与橡皮圈有一阻隔缓冲。包毛纸分光滑面和粗糙面两面，用光滑的那一面包住被毛，这样能减少包毛纸与被毛之间的阻力，防止被毛被拉断。同时粗糙面朝外，能防止橡皮圈从上面滑落。

市场上的包毛纸主要有美式和日式两种。美式包毛纸成分为混合塑胶，有利于防水，但透气性较差；日式包毛纸则颜色多样化，美观，但不防水。

好的包毛纸应具备透气性好、伸展性好、耐拉、耐扯、不易破裂、长宽适度等特点。

2. 橡皮圈

主要用于包毛纸、蝴蝶结、发髻、被毛结扎固定，以及美容造型的分股、成束。一般最常使用的是7#和8#，超小号的使用很少，大都是专业美容师在犬展比赛中使用。

橡皮圈按材质可分为乳胶和橡胶两种。乳胶橡皮圈不粘毛、不伤包毛纸，但弹性稍差；橡胶橡皮圈弹性好、价格低廉，但会粘毛。

【技能训练】

1. 所需用品

美容师梳、分界梳、防静电喷雾、包毛纸、橡皮圈、剪刀。

2. 内容及步骤

①与犬沟通和安抚后，将犬抱上美容台，并让犬枕在小枕上，便于包毛。

②确定包毛纸长度。用包毛纸与要包毛部位的毛发比较一下，确定包毛纸的长度，裁剪出大小、长短都合适的纸张（图1-6-3）。

③将裁好的包毛纸的粗糙面向外、光滑向内，然后把两个长边各折起3cm左右的宽度，底边按2cm的宽度折3折，使包毛近似直筒型（图1-6-4）。准备好足够数量的包毛纸，放在一边待用。

④从头部开始包毛，用分界梳的尖尾部分按照包毛纸大小将犬只毛发分出一个区域，将区域内的毛发集中成一束并仔细梳理。把梳好的毛发放在包毛纸的正

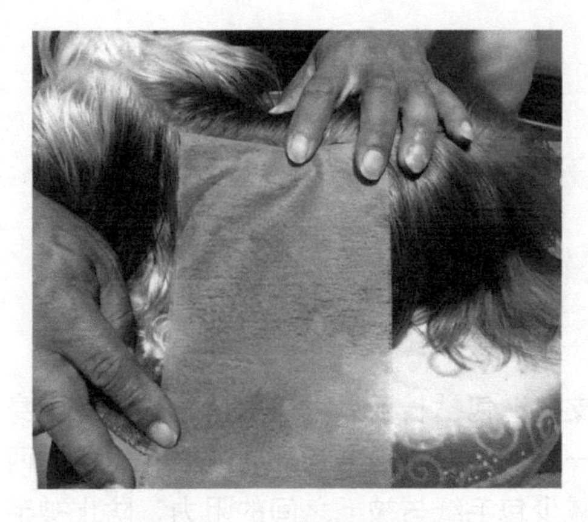

图 1-6-3　确定包毛纸长度

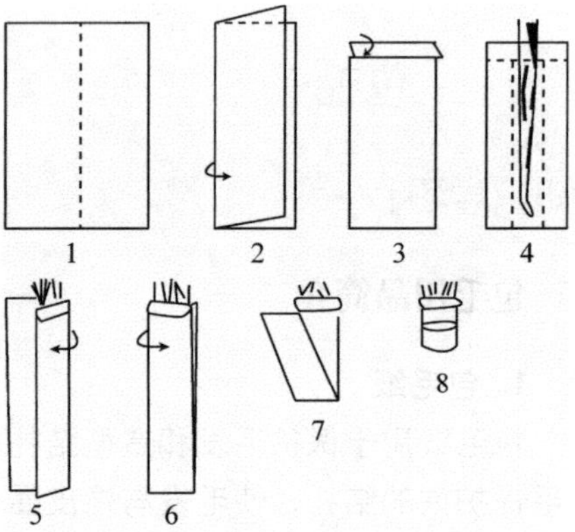

图 1-6-4　折好包毛纸

中(图 1-6-5)；确定所有毛发都在包毛纸中后，对折包毛纸，将包毛发完全包好(图 1-6-6、图 1-6-7)；然后把包毛纸再对折，卷成 1.5cm 见方的小方块(图 1-6-8)；最后扎上橡皮圈定型，再调整一下松紧，使其不影响犬的正常活动。

⑤按照步骤④的方法将犬背部和颈部左、右两侧的毛分成数量相同的份数，从后向前分别包好，两侧毛包应对称且大小相近，不会妨碍犬的活动。

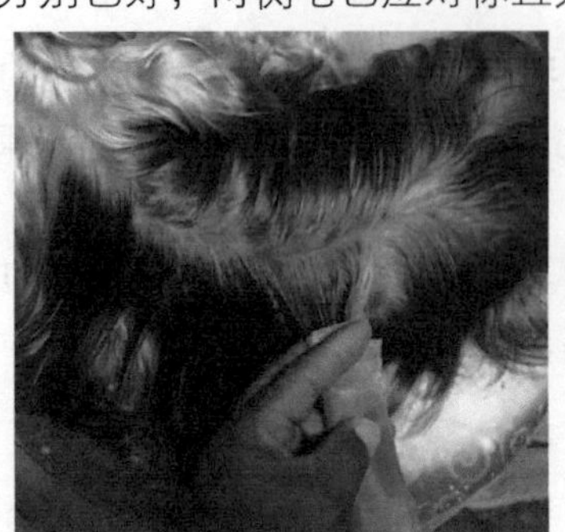

图 1-6-5　把毛发放入包毛纸中

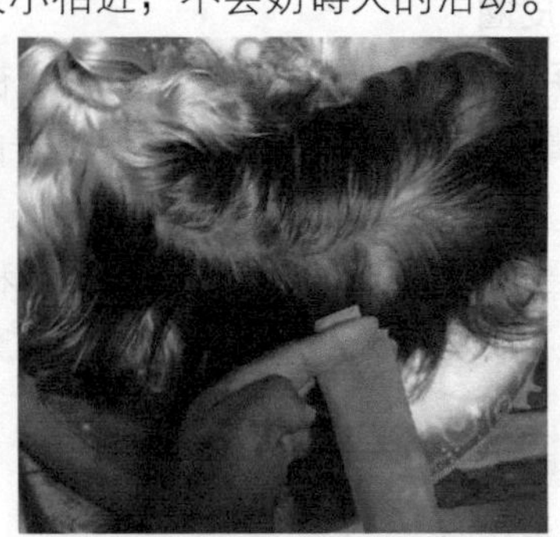

图 1-6-6　对折包毛纸

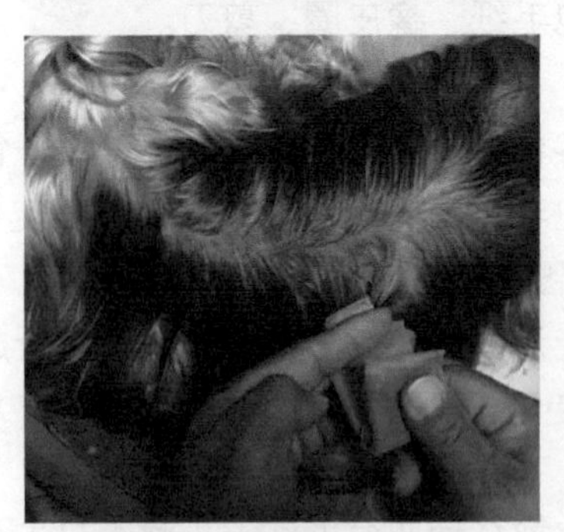

图 1-6-7　再对折包毛纸

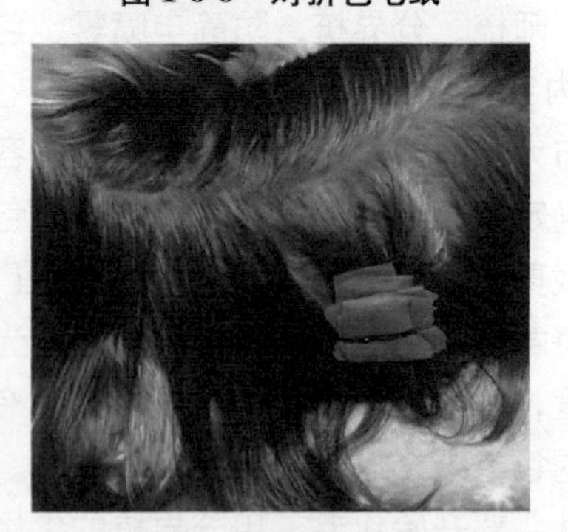

图 1-6-8　用橡皮圈固定

⑥按同样的方法包后肢上方的毛，再包肛门下面的毛。肛门下面的毛平分，用分界梳梳出一边的毛，用相同的步骤包毛。屁股左、右的毛包好后，确认不会妨碍宠物的活动。

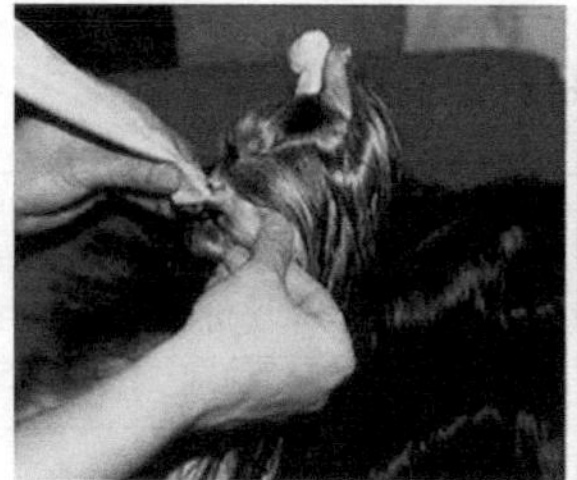
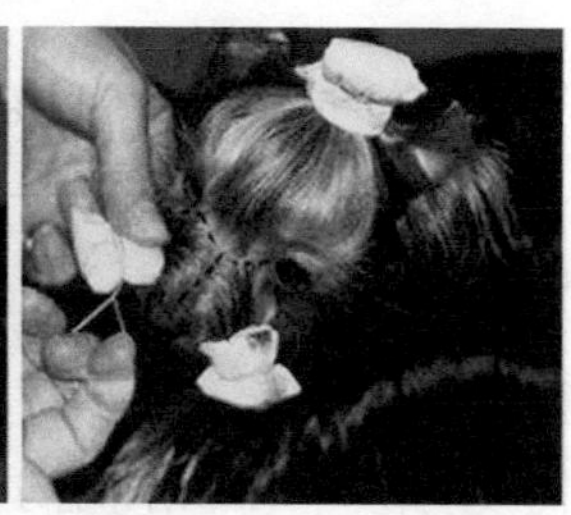

图 1-6-9　嘴部包毛

⑦包扎嘴部的位置时，要注意力度，不要太紧，左、右各包一个，下颚也要包一个(图 1-6-9)。

3. 注意事项

①包毛完毕后确定包毛纸和橡皮圈不脱落。

②所有包毛部分必须每隔 2 ~ 3 天全部打开，然后进行细致梳理，之后重新分界包扎。

③不要每次按照同一分界区域包扎，尽量将分界错开，以免长时间同一处分缝导致分缝处的毛发稀少。

④在使用除静电的喷雾时，要注意用量不要太大，以免造成被毛过于潮湿，包毛后不容易干，容易滋生出细菌，使得犬有感染皮肤病的风险。

⑤不用塑料的梳子梳毛发，防止产生静电，要用防静电的金属梳子。

思考与讨论

1. 包毛的目的有哪些?
2. 哪些犬种会经常包毛?
3. 简述包毛的操作步骤及注意事项。

考核评价

一、技能考核评分表

序号	考核项目	测评人			综合成绩
		自我评价（15%）	小组互评（25%）	教师评价（60%）	
1	基础美容				
2	包毛效果				
总成绩					

二、情感态度考核评分表

序号	考核项目	测评人			综合成绩
		自我评价（15%）	小组互评（25%）	教师评价（60%）	
1	团队合作能力				
2	组织纪律性				
3	职业意识性				
总成绩					

三、考核内容及评分标准

考核内容	考核项目	评分标准	分值（分）
技能	基础美容	基础美容操作正确，在规定的时间完成，符合包毛要求	30
		基础美容操作不流畅，比规定时间晚15min，基本符合包毛要求	18
		基础美容操作不流畅，比规定时间晚30min，不符合包毛要求	0
	包毛效果	分毛符合要求，界限分明，松紧适度	40
		分毛基本符合要求，界限基本分明，松紧基本适度	24
		分毛不符合要求，界限不分明，松紧不适度	0
情感态度	团队合作能力	积极参加小组活动，团队合作意识强，组织协调能力强	10
		能够参与小组课堂活动，具有团队合作意识	6
		在教师和同学的帮助下能够参与小组活动，主动性差	0
	组织纪律性	严格遵守课堂纪律，无迟到或早退，不打闹，学习态度端正	10
		遵守课堂纪律，有迟到或早退现象，有时做与课程无关的事情，学习态度较好	6
		不遵守课堂纪律，经常迟到或早退，做与课程无关的事情，并不听教师劝阻，态度差	0
	职业意识性	有较强的安全意识、节约意识、爱护动物的意识	10
		安全意识较差，固定姿势有3处错误，节约意识不强	6
		安全意识较差，固定姿势有5处错误，节约意识差	0

单元二
宠物造型设计及修剪

一、单元目标

知识目标：熟悉不同宠物犬品种的造型设计要求；掌握博美犬、北京犬臀部的手剪方法；掌握雪纳瑞犬、可卡犬和贵宾犬的电剪修剪方法；掌握雪纳瑞犬头部的手剪方法；掌握可卡犬足圆和头花的手剪方法；掌握贵宾犬足圆、头部和尾巴的手剪方法；掌握长毛犬的包毛技术；熟悉犬毛的染色方法。

能力目标：能按照博美犬品种造型要求，进行简单修剪；能按照北京犬品种造型要求，进行简单修剪；能按照可卡犬品种造型要求，正确选择电剪刀头进行修剪，并能手剪足圆和头花；能按照雪纳瑞犬品种造型要求，正确选择电剪刀头进行修剪，并能手剪足圆和头部；能按照贵宾犬品种运动装造型要求，正确选择电剪刀头进行修剪，并能手剪足圆、头部、尾部和耳朵；能根据约克夏梗犬包毛要求，选用合适包毛纸进行包毛护理；能正确选择染色产品，对犬进行染色。

情感目标：培养团队合作精神和热爱宠物的职业精神；培养审美能力；树立安全操作意识；培养顾客至上的服务意识。

二、单元内容

1. 博美犬造型设计及修剪
2. 北京犬造型设计及修剪
3. 可卡犬造型设计及修剪
4. 雪纳瑞犬造型设计及修剪
5. 贵宾犬造型设计及修剪
6. 染色技术

任务一 博美犬造型设计及修剪

【任务描述】

客户的 3 岁博美犬需要进行造型修剪，请按照博美犬造型修剪的要求，给这只博美犬做造型修剪。

【任务目标】

1. 掌握博美犬造型修剪的要求。
2. 掌握博美犬造型修剪操作步骤，基本掌握博美犬造型修剪方法。
3. 初步掌握剪刀的使用方法。

【任务流程】

基础护理—准备工具—共同部位修剪—后躯修剪—身躯修剪—前躯修剪—头部修剪—尾巴修剪

环节一：基础护理

【知识学习】

一、犬种标准

1. 犬种标准的概念及含义

犬种标准就是对纯种犬的特征规定的集合。世界上第一部犬种标准产生于1876 年，它是一部关于斗牛犬的标准。随着犬展的发展，犬种的标准也相应地得以具体和细化，一般犬种标准通常包括以下几个方面。

整体外观：匀称性，气质，被毛。

头部：脑袋和额段，口吻、牙齿，眼睛、耳朵和表情。

身体：颈部和后背，胸部、肋骨和胸骨，腰部、臀部和尾巴。

前躯：肩部，前肢和足爪。

后躯：臀部、大腿和膝关节，飞节和足爪。

步态：犬正常行走时的姿态，用来衡量犬只是否拥有恰当合理的形态结构。

在上述几项标准中，不但规定出每个部位的理想状态，还明确规定了常见缺陷和失格条件。标准的满分为100分，但是根据不同的犬种，上述6项每个部分所占的分数不同，在打分制度上采用扣分制。

2. 博美犬历史及来源

博美犬属尖嘴犬系品种，其名字来源于“波美拉尼亚”，祖先为北欧的狐狸犬，体形较大，该犬与荷兰毛狮犬和挪威糜缇关系密切，起初是作为牧羊犬及工作犬。据此犬的最初记载，此犬来自波兰及德国沿海交界地的波美拉尼亚地区，当时，这些犬被使用于看守羊群。1750年，博美犬传到欧洲各国，经过各国改良之后变成现代的博美犬，并以其原产地“Pomeranian”来命名。1888年，英国维多利亚女王将博美犬从意大利带回英国，自此开始流传于世界各地。养犬俱乐部于1870年正式承认博美犬。1892年开始在美国的犬展中参加混合犬组的比赛。

3. 博美犬(美国养犬俱乐部)品种标准

(1)整体外貌　身体紧凑、背部较短，活跃好动。它拥有双层被毛，下层毛柔软浓密，外层毛浓密、较粗硬。尾根位置很高，尾被覆着长长的浓密饰毛，在背部呈水平位置。它们天性机警、聪明、好奇，举止轻快，步态骄傲，威风凛凛，充满了活力。

(2)大小、比例和结构　体重通常在1～3kg，比赛级博美犬的理想体重是1～2kg。任何未达到或超过这一体重范围的犬应被拒绝参展。体长稍短于体高。胸骨到地面的距离是体高的1/2。骨骼较发达，四肢的长度与身体结构保持协调。检查时应该感觉犬很结实。

(3)头部　头部与身体比例协调，吻部短且直，精致纤细。表情机警，有点像狐狸。颅骨顶部稍微隆起。从前面和侧面看，耳朵小巧，位置高，直立。从鼻尖到两耳之间再到耳尖端想象有一条直线，两耳和鼻尖形成一个楔形。眼睛黑亮，中等大小的杏仁状。额段明显。除了棕色、蓝色和海狸色被毛的博美犬要求眼眶和鼻子的颜色与身体颜色一致外，其他颜色被毛犬的眼眶和鼻子呈黑色。牙齿剪状咬合，缺1颗齿是可以接受的。颅骨圆，呈拱形。

(4)颈部、背线和躯干　颈部短，与肩部紧密连接，使头高高昂起。背部短，背线水平。身躯紧凑，肋骨扩张良好，胸深与肘部齐平。有羽状毛的尾巴是这一品种的特征之一，尾在背部上的位置可水平或垂直。

(5)前躯　肩向后伸展，使颈部和头能高高昂起。前肢直且相互平行。从肘部到肩上的距离与从肘部到地面的距离大致相等。前脚跟直而且结实。脚呈拱形、紧凑，既不向内也不向外翻。

(6)后躯　后躯的角度与前躯保持平衡。后脚跟与地面垂直，后肢直，相互平行。牛样飞节，后肢或膝关节不健全是主要缺陷。

(7)被毛　有双层被毛，下层毛柔软而浓密，外层毛长、直、有光泽，质地粗硬。厚厚的下层毛支撑起外层被毛，使其能竖立在身体表面。颈部、肩部前面和前胸的被毛浓密丰厚，形成长长的装饰毛。被毛柔软、平贴于身体是主要缺陷。

(8)颜色　所有的毛色均被认可，并一视同仁。

黑色和褐色：眼睛上面、吻部、喉部、四肢、脚及尾下部为褐色或铁锈红色斑块，与黑色被毛界限清晰；褐色多一些比较理想。

花色犬：被毛底色是金色、红色或橘黄色，有鲜明的黑色斑纹。

两色犬：白色底色加其他颜色斑纹，头部有白色斑块比较理想。

在专业比赛中，把颜色分为几类：红色、橘黄色、奶油色和紫貂色；黑色、棕色和蓝色；其他任何颜色。

(9)步态　步态流畅、自由、平和、和谐而且活泼。四肢的落地点趋向身体的中心线。前后肢既不内翻也不外展。行走时背线保持水平而且整体轮廓保持平衡。

(10)性情　性格外向、聪明而且活泼，是非常优秀的伴侣犬，同时也是很有竞争力的比赛犬。在参赛时，任何偏离标准的地方都将因其偏离的程度视作不同程度的缺陷。

二、博美犬造型要求

博美犬身体呈正方形，体型娇小，活泼可爱，属于体毛丰富的犬只。博美犬整体造型是浑圆、利落、可爱的造型。

【技能训练】

1. 所需用品

美容台、浴缸、趾甲剪、针梳、开结刀、美容桌、洗耳液、洗眼液、吹风机、吹水机。

2. 内容及步骤

按照长毛犬的基础护理要求完成犬的健康检查、被毛的刷理与梳理、耳朵的清洗、眼睛的清洗、趾甲的修剪、洗澡、吹干等护理内容。

3. 注意事项

确定所有毛结都被打开，梳理通顺，毛发彻底吹干。

环节二：准备工具

【知识学习】

工具相关知识见单元一“宠物基础护理”。

【技能训练】

1. 所需用品

电剪、10#刀头、刀头冷却剂、小电剪、直剪、牙剪、美容梳。

2. 内容及步骤

(1)准备电剪

①安装刀头：准备10#刀头，按照电剪刀头的安装要求安装好刀头，开机试用，确保安装到位。

②上油：在刀头的刀刃上涂上专用油。

③准备好刀头冷却剂：在电剪使用过程中，如果刀头过烫，用刀头冷却剂喷刀头，加快冷却速度。

(2)准备剪刀

①选择剪刀：根据需要选择7#、8#的直剪或牙剪。

②检查剪刀松紧是否适度，如果不合适应及时调整。

3. 注意事项

①确保电剪刀头选择正确。

②确保电剪刀头安装到位。

环节三：共同部位修剪

【知识学习】

工具相关知识见单元一“宠物基础护理”。

【技能训练】

1. 所需用品

10#刀头、小电剪。

2. 内容及步骤

①剃脚底毛：固定方法同剪趾甲的固定姿势，用食指和拇指把要剃毛的部分分开，再用电剪将多余的毛剃除(图 2-1-1)。

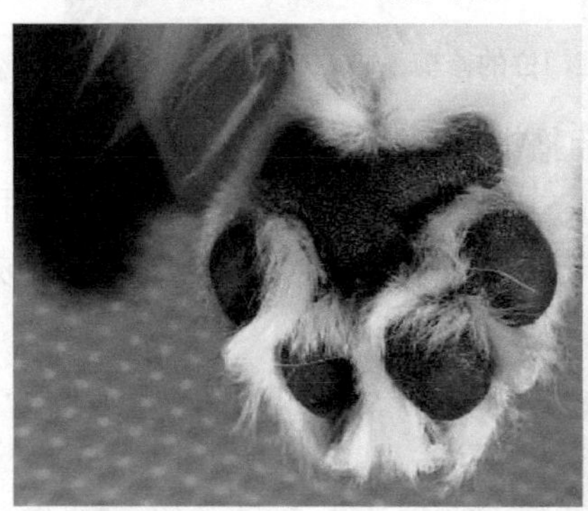
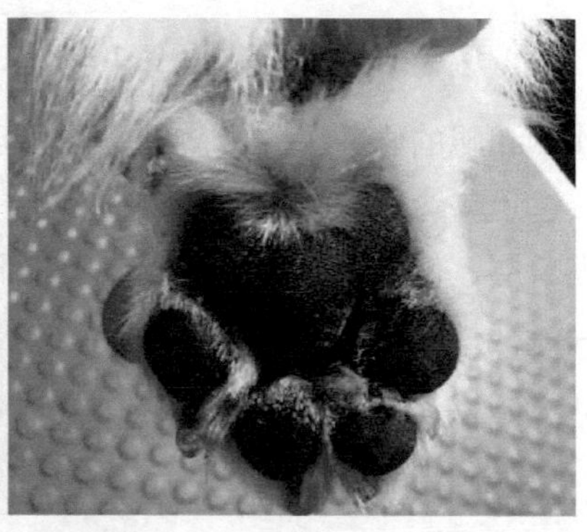

图 2-1-1 剃脚底毛

②剃腹底毛：

母犬：向上剃至第二和第三乳头之间，呈弧形；向下到大腿根相夹处，呈圆弧形。

公犬：从生殖器向上剃至第二和第三个乳头之间，呈倒“V”形，向下到大腿根相夹处呈圆弧形(图 2-1-2)。

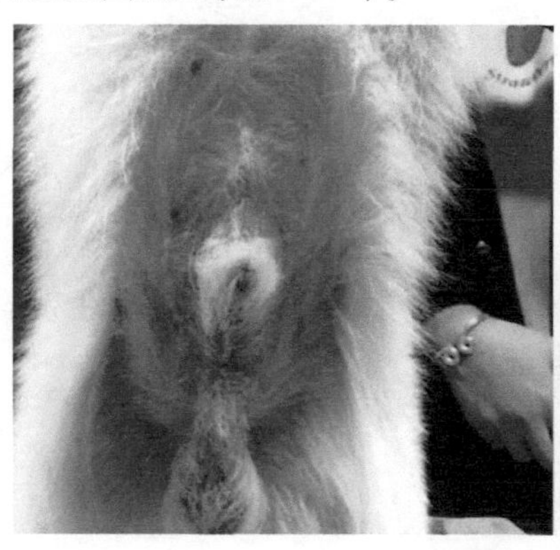
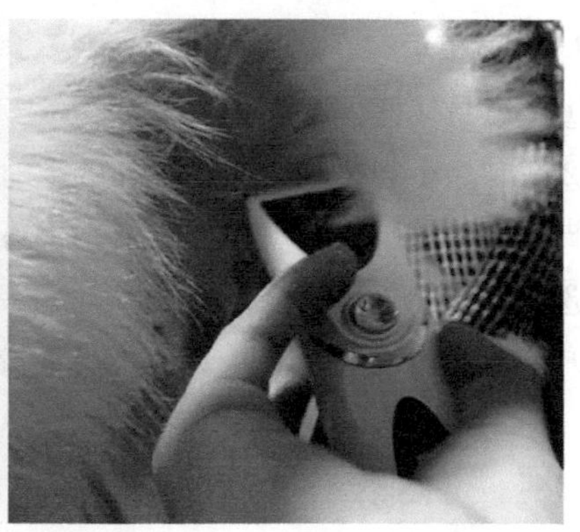

图 2-1-2 剃腹底毛

③肛门位的修剪：剃不超过尾巴根部的宽度和高度的“V”形，以肛门下端为轴心，左、右摆动刀头，最大摆动空间为 1cm(图 2-1-3)。

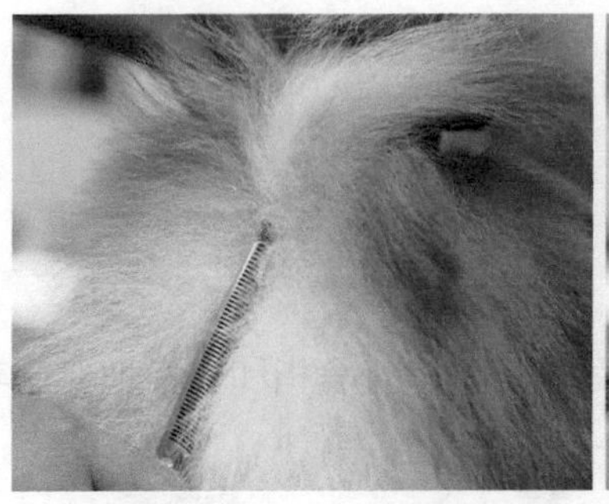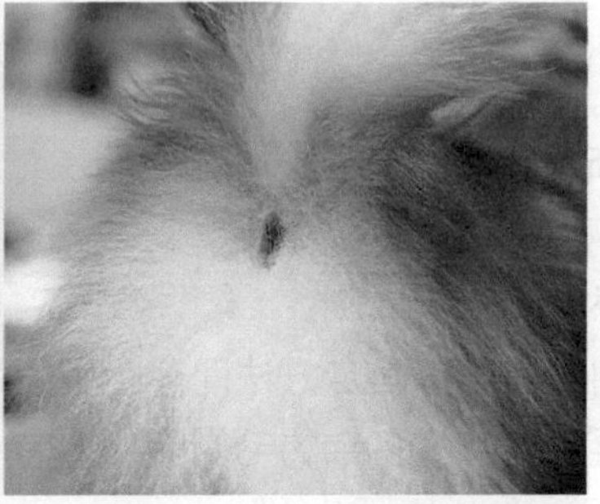

图 2-1-3　肛门位的修剪

④脚和腿的修剪：将犬脚向前伸，用拇指将脚趾上的毛推向右边，用小直剪剪掉超过足垫边缘的多余饰毛，再将毛推向左边，剪掉多余饰毛，露出趾甲。然后处理断层，使脚看上去有弧度。先修脚，再修腿，脚要修成猫足，腿修成柱形（图 2-1-4）。

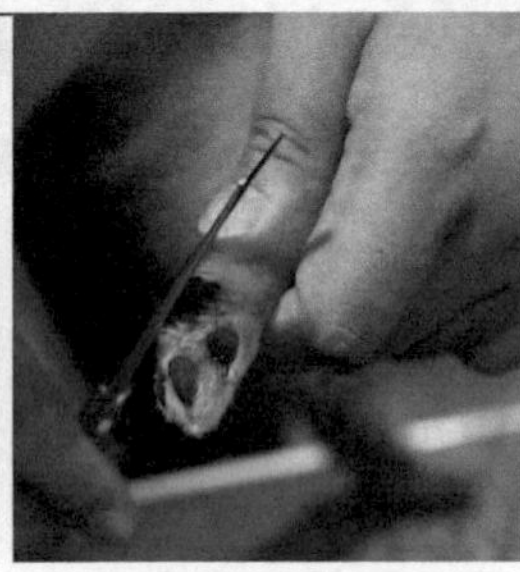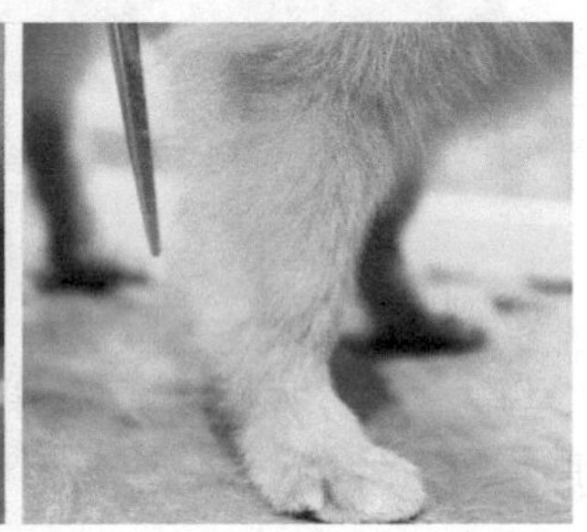

图 2-1-4　脚和腿的修剪

3. 注意事项

①注意身体比例的修剪。

②在剃除小肉垫和大肉垫之间的毛时，要把肉垫展开伸平后再剃。小心不要剃伤脚趾之间的脚蹼，动作要连贯，不可停顿。

③腹部两侧的松皮一定不能剃；乳头、生殖器要注意不要划伤；生殖器排尿的地方不能剃得过于干净，需留适当毛量。

环节四：后躯修剪

【知识学习】

工具相关知识见单元一“宠物基础护理”。

【技能训练】

1. 所需用品

牙剪、直剪、美容师梳。

2. 内容及步骤

(1)*尾部修剪* 让犬站成标准站姿，看尾巴的位置，将牙剪放在尾根位置，从两边各倾斜45°修剪尾根的被毛(图2-1-5)；将尾巴自然地向上翻起后，用手扶住尾根，以尾根为出发点，将尾巴修成标准的扇形。

(2)*臀部修剪* 用直剪修剪，剪刀刃垂直于皮肤，剪出缝，分开左、右臀部。将修剪范围扩大到臀部上方一点，将臀部以及大腿至飞节修圆，并将大腿修成"鸡大腿"状(图2-1-6)。

将后肢飞节处的毛挑起，观察飞节与桌面是否垂直，若垂直则将层次不齐的毛剪掉。若飞节向前斜，则上部留毛短，下部留毛长；若向后斜，则上部留毛长，下部留毛短。

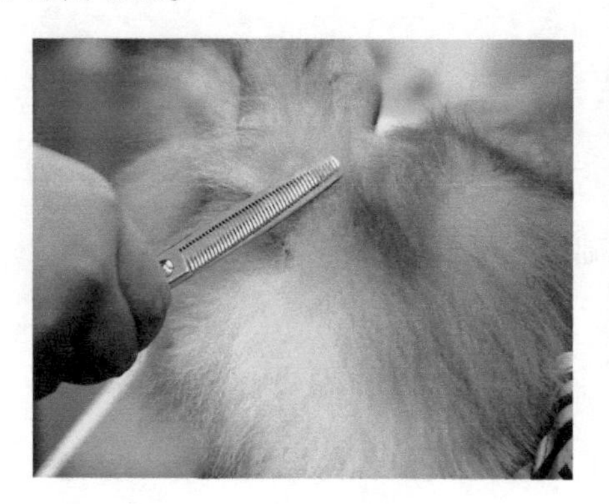

图2-1-5 尾部修剪

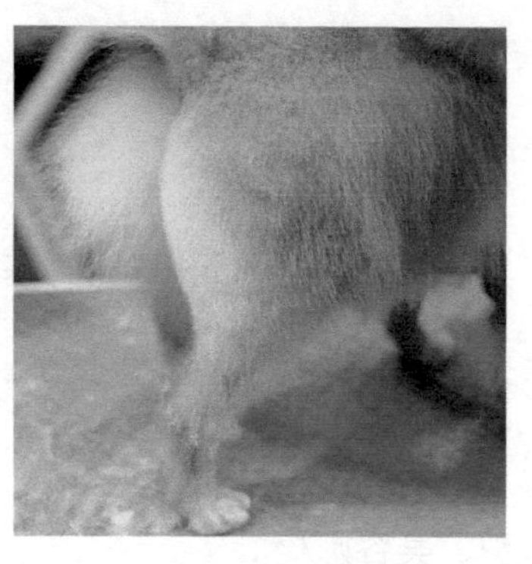

图2-1-6 臀部修剪

3. 注意事项

①修剪尾根部的时候尽量用牙剪。

②修剪时要让犬站立成标准站姿，不要晃动，否则影响整体造型。

环节五：身躯修剪

【知识学习】

工具相关知识见单元一"宠物基础护理"。

【技能训练】

1. 所需用品

直剪、美容师梳。

2. 内容及步骤

(1)*修剪腰线* 用美容师梳将腰部的毛发垂直于皮肤梳起，用直剪左、右各倾斜45°沿臀部修剪出股部分界线，在后肢前面稍稍修剪出一条弧线，但不要特别突出腰。

(2)*修剪腹线* 用直剪从后肢大腿处沿下腹部曲线修剪至前肢饰毛，平行修剪下腹部，并修成弧形的腹线(图2-1-7)。

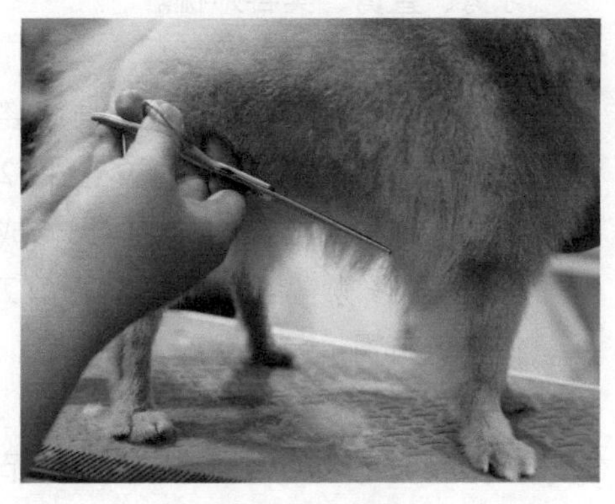

图2-1-7 修剪腹线

环节六：前躯修剪

【知识学习】

工具相关知识见单元一“宠物基础护理”。

【技能训练】

1. 所需用品

直剪、美容师梳。

2. 内容及步骤

(1)*修剪胸部* 让犬两前肢正常平行站立，将胸部毛挑起，用直剪从上向下、从右向左横剪出两个圆，圆的最低点在肘关节，使胸部浑圆、饱满(图2-1-8)。

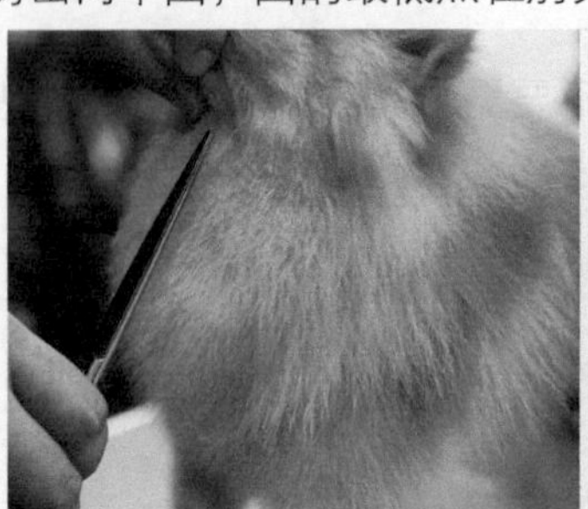

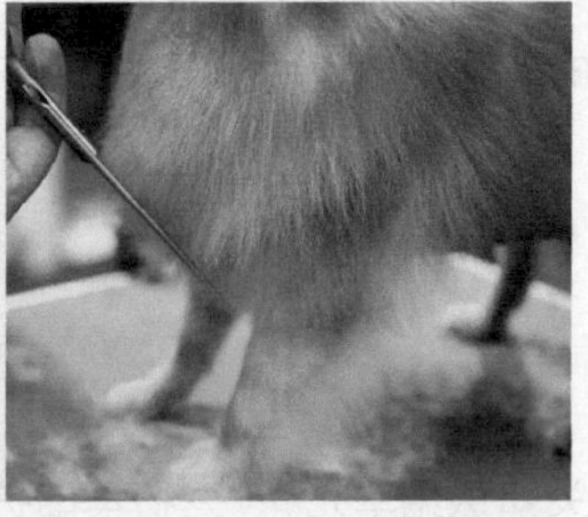

图2-1-8 修剪胸部

（2）修剪前肢　将前肢剪成垂直于地面的形状。

环节七：头部修剪

【知识学习】

工具相关知识见单元一“宠物基础护理”。

【技能训练】

1. 所需用品

直剪、美容师梳。

2. 内容及步骤

用拇指和食指捏住耳尖处，用直剪贴近耳尖剪一直线，然后将两侧棱角剪圆，使耳尖、眼角、鼻尖呈正三角形（图 2-1-9 和图 2-1-10）。耳朵修剪原则是将耳朵藏起。

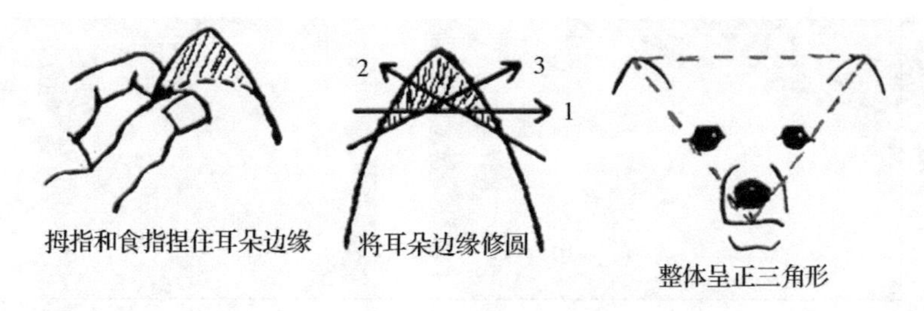

图 2-1-9　耳朵修剪示意图

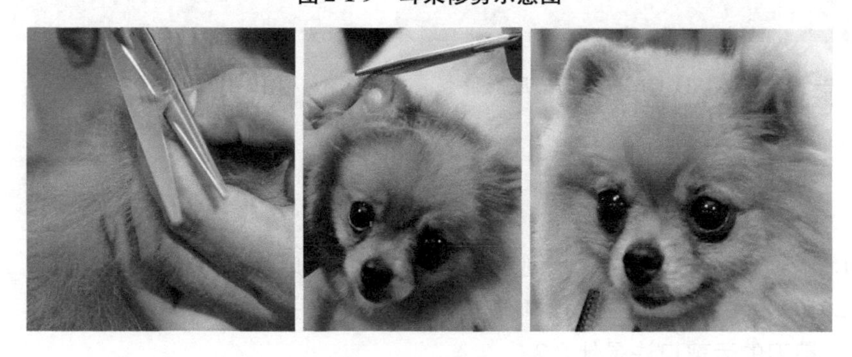

图 2-1-10　修剪耳朵

3. 注意事项

用手指捏住耳朵，确保不要剪到耳朵的肉。

环节八：尾巴修剪

【知识学习】

工具相关知识见单元一“宠物基础护理”。

【技能训练】

1. 所需用品

直剪、牙剪、美容师梳。

2. 内容及步骤

①将尾巴自然地向上翻起后，用手扶住尾根，以尾根为出发点，用直剪将尾巴修剪成标准的扇形(图 2-1-11)。

②整体修剪：用牙剪整体修剪，将层次不齐的毛修剪整齐，形成浑圆、利落、可爱的造型(图 2-1-12)。

图 2-1-11　尾巴修剪成扇形

图 2-1-12　博美整体

思考与讨论

1. 博美犬的身长与身高比例是多少？一般修剪成什么形状？
2. 博美犬的耳朵、眼睛和鼻镜在位置上是什么关系？
3. 剪刀的运剪口诀是什么？
4. 博美犬的后躯剪成什么形状？
5. 博美犬整体修剪时用什么工具修剪？
6. 博美犬的造型修剪顺序是什么？

考核评价

一、技能考核评分表

序号	考核项目	测评人			综合成绩
		自我评价（15%）	小组互评（25%）	教师评价（60%）	
1	犬的控制及对犬的态度				
2	基础美容				
3	造型修剪				
总成绩					

二、情感态度考核评分表

序号	考核项目	测评人			综合成绩
		自我评价（15%）	小组互评（25%）	教师评价（60%）	
1	团队合作能力				
2	组织纪律性				
3	职业意识性				
总成绩					

三、考核内容及评分标准

考核内容	考核项目	评分标准	分值（分）
技能	犬的控制及对犬的态度	抱持犬姿势、固定犬姿势正确，与犬及主人的交流顺畅	10
		抱持犬姿势、固定犬姿势有 2 处错误，与犬及主人的交流不顺畅	6
		抱持犬姿势、固定犬姿势有 3 处错误，与犬及主人没有交流	0
	基础美容	基础美容操作正确，在规定的时间完成，符合博美犬造型修剪要求	20
		基础美容操作不流畅，比规定的时间晚 15min，基本符合博美犬造型修剪要求	12
		基础美容操作不流畅，比规定的时间晚 30min，不符合博美犬造型修剪要求	0
	造型修剪	美容梳、剪刀、电剪的使用方法正确，足缘、臀部、耳朵修剪符合要求	40
		美容梳、剪刀、电剪使用有 1 种错误，足缘、臀部、耳朵修剪有 1 处不符合要求	24
		美容梳、剪刀、电剪使用有 1 种错误，足缘、臀部、耳朵修剪有 2 处不符合要求	0

（续）

考核内容	考核项目	评分标准	分值（分）
情感态度	团队合作能力	积极参加小组活动，团队合作意识强，组织协调能力强	10
		能够参与小组课堂活动，具有团队合作意识	6
		在教师和同学的帮助下能够参与小组活动，主动性差	0
	组织纪律性	严格遵守课堂纪律，无迟到或早退，不打闹，学习态度端正	10
		遵守课堂纪律，有迟到或早退现象，有时做与课程无关的事情，学习态度较好	6
		不遵守课堂纪律，迟到或早退，做与课程无关的事情，且不听教师劝阻，态度差	0
	职业意识性	有较强的安全意识、节约意识、爱护动物的意识	10
		安全意识较差，固定姿势有3处错误，节约意识不强	6
		安全意识较差，固定姿势有5处错误，节约意识差	0

任务二　北京犬造型设计及修剪

【任务描述】

客户的北京犬从来没有做过造型修剪，现在客户要求按照北京犬造型修剪的要求，完成北京犬的造型修剪操作。

【任务目标】

1. 掌握北京犬造型修剪要求。
2. 掌握北京犬造型修剪操作步骤，基本掌握北京犬造型修剪方法。
3. 进一步掌握剪刀的使用方法。

【任务流程】

基础护理—准备工具—共同部位修剪—后躯修剪—身躯修剪—前躯修剪—头部修剪——尾巴修剪

环节一：基础护理

【知识学习】

一、北京犬品种介绍

1. 北京犬的产地、历史

北京犬的东方血统和独特的个性使它在犬类中具有非常重要的地位。北京犬的起源地是中国，它有着神圣的意义，是一种福犬。

北京犬从中国传到西方并未改变它的特性，它高贵又倔强，与主人非常亲密。它无拘无束，像一位帝王，要想它服服帖帖很困难。北京犬精力旺盛，甚至超过许多体型比它大的犬。

北京犬来自于中国的宫廷，是忠诚而善解人意的好伴侣。

2. 北京犬 AKC 品种标准

(1) 整体外貌　身体紧凑，前部较大，后部较小，体态匀称，个性和表情必须具有中国特征，率直、独立，像一头小狮子。具备大无畏精神和很强的自尊心非常重要，而外表的美丽则相对没那么重要。

(2) 大小、比例和结构　北京犬必须在举起来的时候感觉很重。身体矮壮结实，肌肉丰满。身体前半部的骨骼必须相对较重。在体态标准的情况下，体重在6kg 以下比较理想，体重超过 6kg 为失格。体长比身高稍长。整体的平衡最重要。

(3) 头部　颅骨大、宽，顶部平坦。面颊、下颌和下巴都宽。从前面看，面部的宽度超过高度，形成长方形的头。从侧面看，面部平，下巴、鼻尖和眉毛在一个平面上。在头处于自然状态下时，这个平面几乎是垂直的，从下巴向前额稍微向后倾斜。

鼻黑色，宽，非常短，从侧面看是平的。鼻孔朝天，位于两眼之间，通过鼻尖的水平线正好从眼睛中部穿过。

眼大，非常黑、圆、闪亮，两眼分得开。眼睑是黑色的，眼睛向正前方看时眼白也不露出。皱纹是面部皮肤隆起的部分，上面有毛。皱纹将面部分为上、下两部分。从一侧面颊开始，跨过鼻梁，到另一侧面颊，形成一个“V”形。但皱纹不能过于突出，使面部显得拥挤，也不能过大而与眼睛或鼻子不成比例，总之，不能破坏整个面部的协调。额段深；鼻梁不明显；前脸非常短而宽，面颊丰满；皮肤呈黑色；胡须使整个面部更具有东方特征；下颚稍微突出；双唇紧闭成一水平线，不露出牙齿和舌；下颚强壮、宽、稳固；耳呈心形，耳根位置在颅骨的前部；下垂的耳形成面部的边缘，被毛厚而长的耳使面部看起来更宽。所有颜色被毛的犬鼻、嘴唇和眼睛边缘都是黑色的。

(4)颈部、躯干和尾　颈部短粗。躯干呈梨形，紧凑。前躯发达，肋部扩张。胸部宽，胸骨稍微突出或不突出，胸部向后变细，与腰部相连。背线水平。尾根位置高，尾向背部卷曲，长而直的毛可以垂向身体一侧。

(5)前躯　前躯短粗，骨骼发达。前肢前脚跟关节部与肘关节之间的部分稍微弯曲。肩部与身体平滑连接。肘部贴近身体。前脚大而平，稍向外翻。犬必须站立稳定。

(6)后躯　后躯骨骼不如前躯发达。膝关节和跗关节部屈曲角度适中。从后面看，两后肢相互靠拢且相互平行，后脚尖指向正前方。前躯和后躯稳健是最重要的。

(7)被毛　全身覆盖着长而粗的被毛，被毛直下，毛厚而柔软。颈部和肩部有长的鬃毛，身体其余部位的毛稍短。被毛长而浓密者理想，但犬的整个轮廓必须清晰，被毛质地要好。大腿和前肢的后面、耳部、尾和脚尖被覆长的羽状毛。脚尖的羽状毛可以保留，但不能过长，防止妨碍自由活动。

(8)颜色　任何颜色的被毛和斑块均可，包括两色的被毛。

(9)步态　悠闲、高贵，行走时肩部有些晃动，后肢骨骼较轻。

(10)性情　尊贵、高傲、自信、倔强，是非常好的伴侣，和善、活泼而感情丰富。

(11)缺点　上面是关于理想的北京犬的描述。任何偏离以上标准的地方均视为缺点。例如：粉色鼻镜(达德利鼻)，肝褐色或灰色的鼻；浅棕色、黄色或蓝色的眼睛；牙齿或舌外露；下颚过于突出；嘴偏斜；耳根位置过高、过低或过于向后；背部拱起或凹陷，前肢直。

(12)失格条件　体重超过6kg。

二、工具知识

相关设备和工具见单元一“宠物基础护理”。

【技能训练】

1. 所需用品

趾甲剪、针梳、木柄针梳、开结刀、美容桌、洗耳液、洗眼液、吹风机、吹水机、浴缸、美容台。

2. 内容及步骤

按照长毛犬的基础护理要求完成犬的健康检查、被毛的刷理与梳理、耳朵的清洗、眼睛的清洗、趾甲的修剪、洗澡、吹干等护理内容。

3. 注意事项

北京犬天生性格倔强，在基础护理及美容修剪过程中需要注意力度和手法，避免让犬产生应激反应，如出现心脏病、眼球外露等。

环节二：准备工具

此环节相关知识和操作参照单元二任务一“博美犬造型设计及修剪”。

环节三：共同部位修剪

此环节相关知识和操作参照单元二任务一“博美犬造型设计及修剪”。

环节四：后躯修剪

【知识学习】

工具相关知识见单元一“宠物基础护理”。

【技能训练】

1. 所需用品

美容师梳、直剪、牙剪。

2. 内容及步骤

(1) 尾部修剪

①两侧：用牙剪，将剪刀放在臀部上紧贴尾根处，注意修剪时竖着放置，剪刀尖不超过尾巴宽度，剪刀尖向上倾斜30°，剪刀向外倾斜45°，原地修剪。注意不要露出皮肤。

②后面：将剪刀放在尾根处、肛门上方，原地修剪。

③前面：尾巴垂向地面，以尾根为轴心，呈放射状顺毛流修剪。

(2) 臀部修剪

①股部分界线：以肛门为中心，用直剪，剪刀尖向下，至快到飞节处剪刀尖

向外倾斜修剪，直至飞节处停，要似有似无(图 2-2-1)。

②臀部：要修剪成苹果型，将臀部饰毛挑起，假想尾根到飞节中间的最高点为一点，以这一点为出发点，剪刀尖向上修剪上半部分，剪刀尖向下修剪下半部分，然后去棱角，修圆(图 2-2-2)。

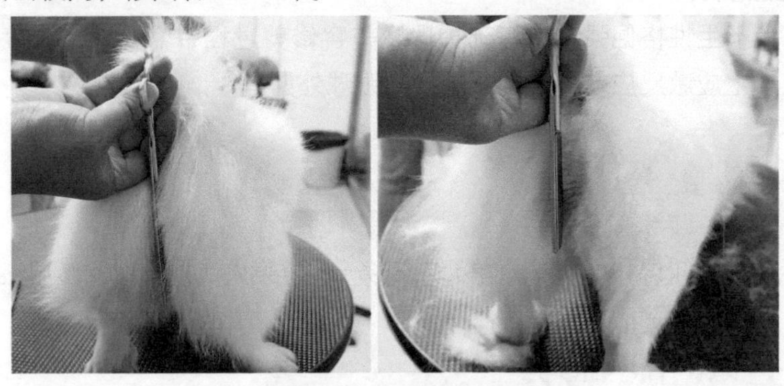

图 2-2-1　股部分界线

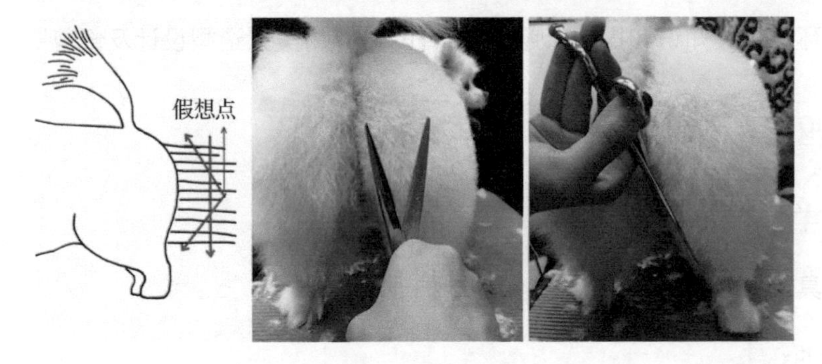

图 2-2-2　修剪臀部

(3)*后腿侧面修剪*　从侧面看，臀部与后腿的修剪连接要顺畅。像是"鸡大腿"，修剪时分为上半部分和下半部分。上半部分是将剪刀斜至尾跟处，下半部分是将剪刀斜至飞节处(图 2-2-3)。

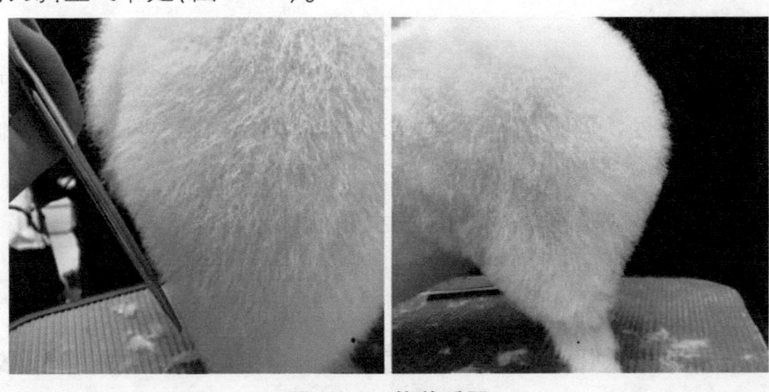

图 2-2-3　修剪后腿

(4)后肢修剪　将后肢的毛完全挑起，修成一个圆柱形(图2-2-4)。

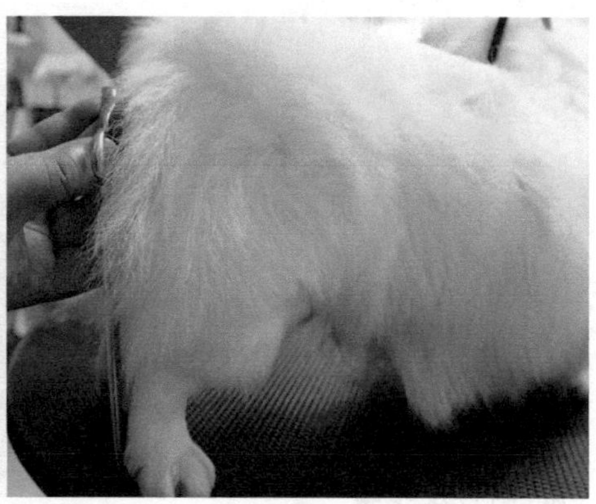

图2-2-4　修剪后肢

3. 注意事项

修剪时剪刀呈环形修剪，即剪刀尖向上。

环节五：身躯修剪

【知识学习】

工具相关知识见单元一“宠物基础护理”。

【技能训练】

1. 所需用品

直剪、牙剪、美容师梳。

2. 内容及步骤

①单层毛：牙剪，修剪效果是顺。

②双层毛：直剪，修剪效果是绒。

③修剪时遵循运剪原则，将整个身体修剪成圆筒形。

3. 注意事项

①腰线不可定在大腿根部的位置，实际位置应往前一些。

②不要在单层毛上用直剪。

③毛发分为三层修剪，第三层多剪，第二层不剪或少剪，第一层不剪。

环节六：前躯修剪

【知识学习】

工具相关知识见单元一“宠物基础护理”。

【技能训练】

1. 所需用品

直剪、牙剪、美容师梳。

2. 内容及步骤

(1)胸部　把胸部分成三层修剪，第一层少剪或不剪，第二层少剪，第三层多剪，最终形成一个圆弧形(图 2-2-5)。

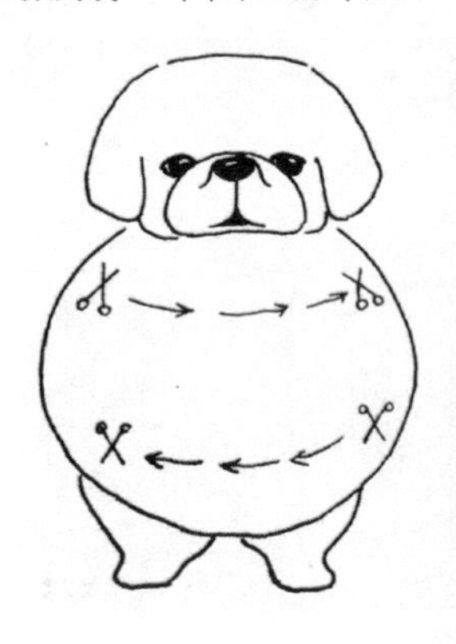

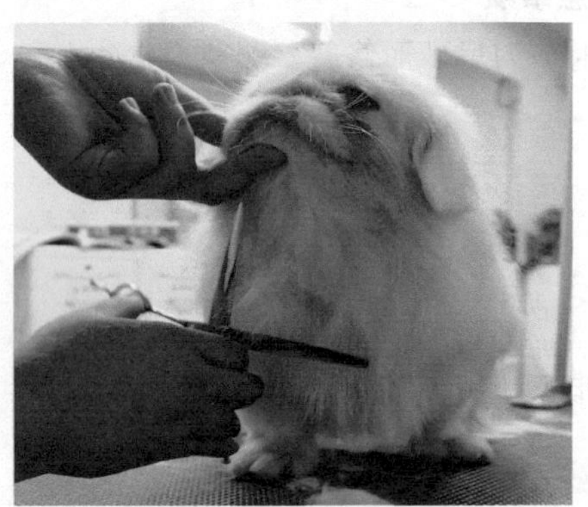

图 2-2-5　修剪胸部

(2)前肢　将前腿拉起，并将毛向下挑出，把前腿羽状饰毛修剪成弧形，与腹线连接(图 2-2-6)。

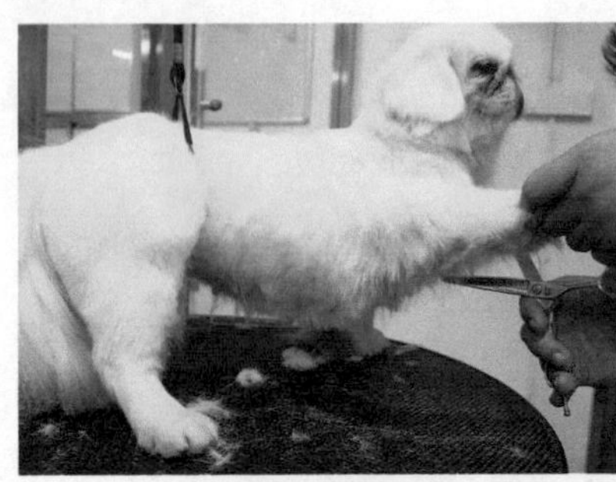

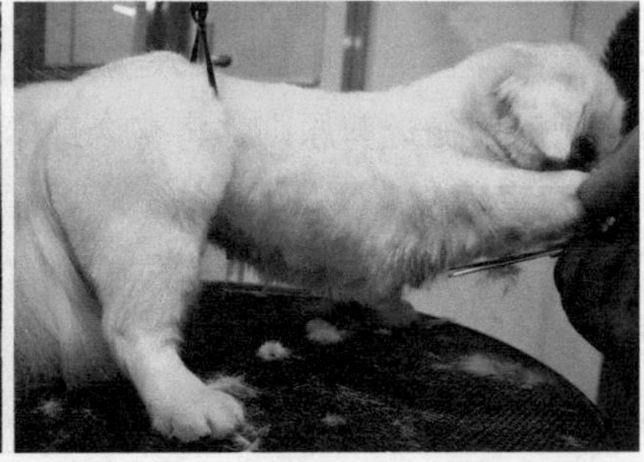

图 2-2-6　前肢修剪

3. 注意事项

修剪胸部时要把胸部分为 3 层，不要剪得过短，否则会露出胸部的逆毛流。

环节七：头部修剪

【知识学习】

工具相关知识见单元一“宠物基础护理”。

【技能训练】

1. 所需用品

牙剪、美容师梳。

2. 内容及步骤

用牙剪将头部杂毛进行修剪即可(图 2-2-7)。

3. 注意事项

不要使用直剪，否则将于面部出现棱角。

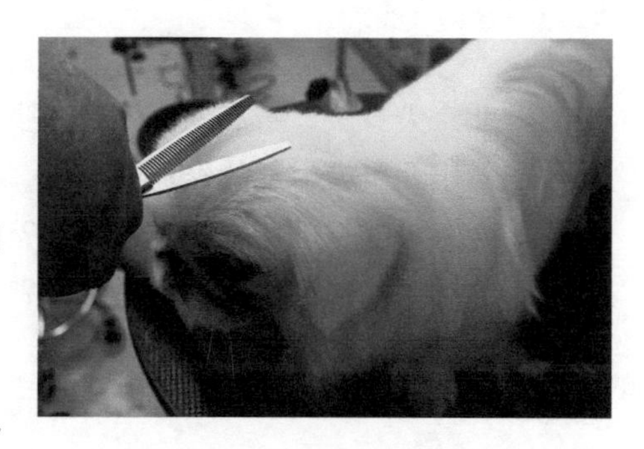

图 2-2-7 修剪头部

环节八：尾巴修剪

【知识学习】

工具相关知识见单元一“宠物基础护理”。

【技能训练】

1. 所需用品

直剪、牙剪、美容师梳。

2. 内容及步骤

①将尾巴向后拉直与背线平行，用牙剪将尾巴修成半月形，大小根据整体毛的长短而定(图 2-2-8)。

②整体修剪：用牙剪对整体进行修饰，目的是弥补缺口、断层、去除刀痕。

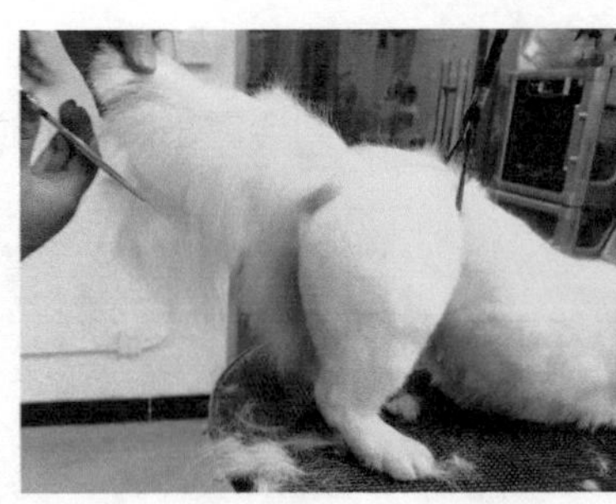
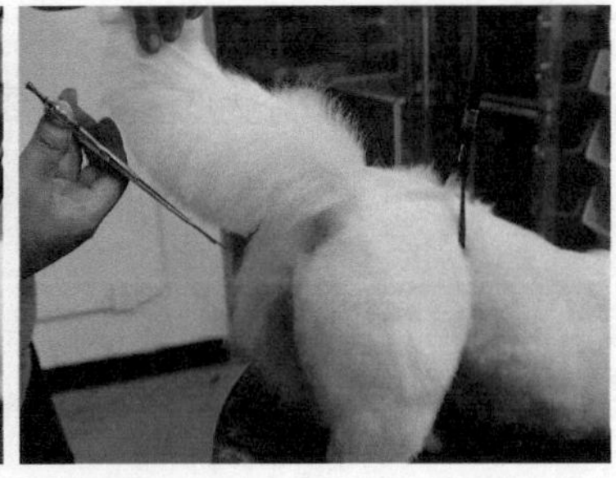

图 2-2-8　尾巴修剪

思考与讨论

1. 北京犬身长与身高的比例是多少？
2. 画出北京犬臀部的修剪图。
3. 北京犬的基础护理要注意什么？
4. 北京犬的造型修剪顺序是什么？

考核评价

一、技能考核评分表

序号	考核项目	测评人			综合成绩
		自我评价（15%）	小组互评（25%）	教师评价（60%）	
1	犬的控制及对犬的态度				
2	基础美容				
3	造型修剪				
总成绩					

二、情感态度考核评分表

序号	考核项目	测评人			综合成绩
		自我评价（15%）	小组互评（25%）	教师评价（60%）	
1	团队合作能力				
2	组织纪律性				
3	职业意识性				
总成绩					

三、考核内容及评分标准

考核内容	考核项目	评分标准	分值（分）
技能	犬的控制及对犬的态度	抱持犬姿势、固定犬姿势正确，与犬及主人的交流顺畅	10
		抱持犬姿势、固定犬姿势有 2 处错误，与犬及主人的交流不顺畅	6
		抱持犬姿势、固定犬姿势有 3 处错误，与犬及主人没有交流	0
	基础美容	基础美容操作正确，在规定的时间完成，符合北京犬造型修剪要求	20
		基础美容操作不流畅，比规定时间晚 15min，基本符合北京犬造型要求	12
		基础美容操作不流畅，比规定时间晚 30min，不符合北京犬造型要求	0
	造型修剪	美容梳、剪刀、电剪使用方法正确，足缘、臀部、尾巴修剪符合要求	40
		美容梳、剪刀、电剪有 1 种使用方法错误，足缘、臀部、尾巴有 1 处不符合要求	24
		美容梳、剪刀、电剪有 2 种使用方法错误，足缘、臀部、尾巴有 2 处不符合要求	0
情感态度	团队合作能力	积极参加小组活动，团队合作意识强，组织协调能力强	10
		能够参与小组课堂活动，具有团队合作意识	6
		在教师和同学的帮助下能够参与小组活动，主动性差	0
	组织纪律性	严格遵守课堂纪律，无迟到或早退，不打闹，学习态度端正	10
		遵守课堂纪律，有迟到或早退现象，有时做与课程无关的事情，学习态度较好	6
		不遵守课堂纪律，经常迟到或早退，经常做与课程无关的事情，且不听教师劝阻，学习态度差	0
	职业意识性	有较强的安全意识、节约意识、爱护动物的意识	10
		安全意识较差，固定姿势有 3 处错误，节约意识不强	6
		安全意识较差，固定姿势有 5 处错误，节约意识差	0

任务三　可卡犬造型设计及修剪

【任务描述】

客户的美国可卡犬长时间没有修剪，想让美容师修剪一下，请按照可卡犬的造型修剪要求完成美容操作。

【任务目标】

1. 熟悉可卡犬的造型修剪要求。
2. 熟悉可卡犬的造型修剪操作步骤，基本掌握可卡犬造型修剪方法。
3. 初步掌握电剪的使用方法。
4. 基本掌握剪刀的使用方法。

【任务流程】

基础护理—准备工具—共同部位修剪—电剪修剪—直剪修剪—牙剪修剪

环节一：基础护理

【知识学习】

一、美国可卡犬品种标准

1. 美国可卡犬的产地、历史

美国的西班牙种小猎犬(即美国可卡犬)是何时、何地、如何起源的，一直是个迷。但目前的标本发现主要在中西部，可以认为这个品种在那里大量地繁殖过。颜色、被毛及其一致性都表明，爱尔兰的西班牙种水猎犬和卷毛的衔猎物犬，还有后来的FORBEARER，古老的英格兰西班牙种水猎犬都是它的祖先，但这一点无法明确证明。美国可卡犬是一种活跃、强壮的犬种，每天至少需要1h的训练。它是一种很好的看护犬，优秀的家庭宠物。作为一个宠物或伴侣，它可能是不平常的：它非常依恋家和家庭，通常值得信赖，适应性很强，速度极快，性情温和不胆怯。

2. 美国可卡犬的AKC标准

(1)整体外貌　美国可卡犬是猎犬中最小型的成员。具有结实紧凑的身体和轮廓分明而精细的头部，全身匀称而体型大小合乎理想。前腿直立支撑肩部，背线略向肌肉发达的强健后躯倾斜。

(2)大小、比例　成年公犬的理想体高是38cm，母犬是36cm，体高可在标准高度上、下2.5cm。公犬高于39cm或母犬高于37cm将被取消资格，公犬低于37cm或母犬低于34cm都将严重影响展示成绩。从胸骨到臀后部的距离比肩部最高点到地面的距离略长。身体必须有足够的长度以保证直而轻快的步态，不应有长或矮的体形。

(3) 头部　头部应与身体的其他部分保持平衡，体现在以下几个方面。

表情：应是机智、警觉、温柔和动人的。

头骨：圆，但不能过分夸张，不能有平坦的趋势。

耳朵：呈小叶状，长，毛发丰富，耳根不高于眼下部水平线。

眼睛：圆而饱满，直视前方，眼眶的形状使眼睛略呈杏仁状，虹膜应为深棕色，颜色越深越好。

鼻：应有足够的尺寸与口吻部和前脸保持平衡，鼻孔发达，具有运动犬种的典型特征，黑色、黑白、黑棕色犬的鼻子应为黑色，其他颜色的犬鼻子可为棕色、肝棕色或黑色，颜色越深越好。鼻子的颜色应与眼眶协调。为了保持平衡，从额段到鼻尖的距离应是额段向上越过头顶到枕骨的距离的1/2。

下巴：口吻部宽且深，上、下颚方而平。上唇丰厚，有足够的深度盖住下颚。

牙齿：牙齿强壮、稳固，不能太小，应为剪状咬合。

四肢：四肢平行、直，骨骼强壮，肌肉发达。

足掌：足部紧凑，大而圆，足垫坚硬，足既不能向内撇也不能向外撇。四肢狼爪可以去除。

尾巴：截尾，尾部与背线保持很好的延续，平于背线或略高，但不能像梗类犬一样直竖，也不能太低，以使犬显得胆怯。犬运动时，尾部动作欢快。

(4) 颈部、背线和躯干

颈部：应有足够的长度使犬的鼻子可以轻易地碰到地面，肌肉发达，咽喉以下的皮肤不能过分松驰下垂。脖颈从肩部升起，略拱，到与头部的连接处略微收细。

背线：向强健的后躯略微下倾。

躯干：胸部深，其最低点不高于肘部，其前部有足够的宽度以容纳心和肺，但不能太宽以至影响前腿直向前的运动。肋笼深，曲率良好。背部强壮，从肩至尾根略下倾。已截断的尾与背线相平或略高。

(5) 前躯　肩充分向后，与上臂大约成90°，使其前腿可以轻松地运动，向前跨出。肩轮廓分明，略倾，没有突起，使肩的最高点成一角度，以保证肋笼有足够的曲率。从侧面看，前腿垂直地面，肘部正好位于肩胛最高处的下面。前腿平行、直，骨骼强壮，肌肉发达，紧靠身体，位于肩胛的正下方。掌骨短而强壮。

(6)**后躯**　髋部宽，后部浑圆、强健。从后面看，后腿无论在静止或运动时均保持平行。后腿骨骼强壮，肌肉发达，膝关节处角度适中，大腿骨有力，轮廓分明。膝关节强壮，无论在静止或运动状态均连接紧密，无滑移、松脱现象。踵强壮，位置低。

(7)**被毛**　头部毛发短且细，身体上的毛发中等长度，有丰厚的底层背毛保护身体。耳朵、胸部、腹部及四肢毛发丰厚，但不能过度以至掩盖犬只的整体轮廓线，影响犬的运动、外观和作为一只毛发适量的运动犬的功能。毛发的质地很重要，可卡犬的毛发应是柔滑的，直或略呈波浪形，以便打理。毛发过量、弯曲过分或是棉花似的质地均将在比赛中影响比赛成绩。在背部用电剃刀剃毛是不可取的。为了加强犬的整体轮廓而进行毛发修剪应尽量自然。

(8)**毛色**　分为黑色、除黑色以外的其他纯色、花色和棕色斑。

黑色：纯黑色，包括有棕色斑的黑色犬。黑色应为墨黑色，褐色或肝棕色的色泽是不可取的。允许胸部和咽喉处有少量白斑，其他任何部位出现白色斑均为失格。

除黑色以外的其他纯色（ASCOB）：除黑色外的其他纯色犬，从最浅的乳酪色到最深的红色，包括褐色和有棕色斑的褐色犬。颜色应有统一的色泽，但修饰毛的色泽可略淡。胸部和咽喉部的少量白色斑是允许的，其他任何部位出现白色斑均为失格。

花色：有两种或两种以上的纯色，颜色区分明显；其中一种颜色必须是白色；黑白、红白（红色可在最淡的乳色到最深的红色间变化）、棕白以及杂色犬，包括以上颜色组合并有棕色斑点。棕色斑出现的部位与纯黑色犬或 ASCOB 一样较为理想。杂色斑犬被归类为花色犬，可以有常见的各种杂色斑点。主色占 90% 或以上视为失格。

棕色斑：棕色的变化范围可从最浅的乳酪色到最深的红色，棕色斑必须限制在 10% 以内，超过 10% 的视为失格。在纯黑色犬或 ASCOB 犬中，棕色斑只出现在以下部位：双眼上（清晰的色斑）；口吻部两侧和颊部；耳朵内侧；足或（和）腿部；尾巴下面；胸部可以有棕色斑，有或没有都不会扣分。

棕色斑点如果不是清晰可见，或只有淡淡的痕迹，应扣分。口吻部的棕色斑如向下延伸或互相连接，也应扣分。纯黑色犬或 ASCOB 犬、其他有棕色斑的犬，棕色斑未出现在以上指定部位，为失格。

(9)**步态**　可卡犬虽是运动犬组中最小的犬种，却有运动犬典型的步态。

前、后躯良好的平衡是保证步态良好的前提条件。可卡犬由强健有力的后躯推动，肩部和前腿构造合理，与后躯协调，使犬可以自如地跨步向前。最重要的是，可卡犬的步态协调、流畅、自如，动作过大视为不正确的步态。

(10)性情　性情平稳而不羞怯。

(11)失格条件

身高：公犬身高超过39cm，母犬身高超过37cm。

纯黑色犬：胸和咽喉部有白色斑，为失格。

除黑色以外的其他纯色犬：除胸和咽喉部外的其他部位有白色斑，为失格。

花色犬：主色大于或等于90%，为失格。

棕色斑：棕色斑超过10%；黑色或ASCOB犬、其他有棕色斑点的犬，在指定位置未出现棕色斑，为失格。

二、英国可卡犬品种标准

1. 英国可卡犬的产地、历史

英国可卡犬由不同体型、类别、毛色和狩猎能力的犬繁殖而来。17世纪之前，可卡犬无论高矮、长短、胖瘦和跑动快慢，都被统称为西班牙猎犬。后来，猎人们渐渐发现了它们的不同点，体型较大的可以猎杀大点的动物，而小型的可以捕猎丘鹬。于是，就出现了各种不同的名字，如史宾格，也称激飞猎犬、可卡犬(猎鹬犬)。直到1892年英国可卡犬和史宾格才被英国养犬俱乐部(KC)承认为两个独立的品种。

2. 英国可卡犬的AKC标准

(1)整体外貌　英国可卡犬是一种活泼、欢快的运动犬，马肩隆为身躯最高点，结构紧凑。它的步态强有力，且没有阻力；有能力轻松地完成搜索任务，及用尖锐的叫声惊飞鸟类，并执行寻回任务。它非常热衷于在野外工作，不断摆动的尾巴显示出在狩猎过程中它有多么享受，这正好符合培养这个品种的目的。它的头部非常特殊。它必须是一只非常匀称的犬，不论在站立时还是在运动中，没有任何一个部位显得夸张，整体的协调性比这些部位的总和更重要。

(2)大小、比例和结构　公犬体高41~43cm，母犬体高38~41cm，背离这一范围属于缺陷。最理想的体重是公犬13~15kg，母犬12~15kg。正确的结构和体质比纯粹的体重更为重要。

身体结构紧凑而短腰，肩高略微大于从马肩隆到尾根处的距离。英国可卡犬是一种结构稳固的犬，拥有尽可能多的骨量和体质，但不会显得土气或粗糙。

（3）**头部** 外貌强健而绝不粗糙，轮廓柔和，没有尖锐的棱角。整体给人的感觉是所有部位所组成的表情与其他品种相比显得与众不同。

表情：温和、甜蜜但威严，警惕而且聪明。

眼睛：眼睛是理想表情的根本。中等大小，丰满而略呈卵形；分开的距离宽阔；眼睑紧；瞬膜不显眼，有色素沉积或没有色素沉积。除了肝色和带肝色的杂色犬允许有榛色眼睛（较深的榛色更佳）外，其他颜色犬的眼睛颜色为深褐色。

耳朵：位置低，贴着头部悬挂；耳廓细腻，能延伸到鼻尖，覆盖着长、丝质、直或略微呈波浪状的毛发。

头骨：圆拱而略显平坦，分别从侧面和正面观察。观察其轮廓，眉毛并没有高出后脑多少。从上面观察，脑袋两侧的平面与口吻两侧的平面大致平行。止部清晰，但适中，且略有凹槽。

吻部：与脑袋长度一致；适度丰满；只比脑袋稍微窄一点，宽度在眼睛所在的位置达成一致；眼睛下方轮廓整洁。颌部结实，有能力运送猎物。鼻孔开阔，且嗅觉相当发达；鼻镜颜色为黑色，肝色或带肝色的杂色犬的鼻镜可以是褐色，红色或带红色的杂色犬的鼻镜颜色可以是褐色，但黑色是首选。嘴唇呈四方形，但不下垂，也没有夸张的上唇。

牙齿：剪状咬合。钳状咬合也可以接受，但不理想。上颚突出式咬合或下颚突出式咬合属于严重缺陷。

（4）**颈部、背线、身躯**

颈部：优美，且肌肉发达，向头部方向显得圆拱，与头部接合整洁，没有赘肉，并融入倾斜的肩胛；长度适中，且与犬的高度及长度平衡。

背线：颈部与肩胛接合处到背线呈平滑的曲线。背线非常轻微地向圆圆的臀部倾斜。

身躯：紧凑且接合紧密，给人的印象是非常有力，但不沉重。胸部深；没有宽到影响前肢动作的程度，也不是太窄而显得前躯太窄或缩在一起。前胸非常发达，胸骨突出，略微超过肩胛与上臂的结合关节。胸部深度达到肘部，并向后逐渐向上倾斜，适度上提。肋骨支撑良好，并逐渐向身躯中间撑起，后端略细，有足够的深度，并充分向后扩展。背部短而结实。腰部短、宽且非常轻微地圆拱，但不足以影响背线。臀部非常圆，没有任何陡峭的迹象。

尾巴：断尾。位置位于臀部，理想状态下，尾巴保持水平，而且在运动时动作坚定。在兴奋时尾巴可能举得高一些，但绝不能向上竖起。

（5）**前躯** 英国可卡犬略有棱角。肩胛倾斜，肩胛骨平坦而平稳。肩胛骨与上臂骨长度大致相等，上臂骨与肩胛骨之间的连接有足够的角度，使其在自然状态站立时，肘部正好位于肩胛骨顶端的正下方。

足爪：与腿部比例恰当，稳固，圆形的猫足；脚趾圆拱、紧凑；脚垫厚实。

(6) *后躯*　角度适中，与前躯的平衡是非常重要的。臀部相当宽，且圆。第一节大腿宽、粗且肌肉发达，能提供强大的驱动力。第二节大腿(从膝关节到飞节)肌肉发达，且长度与第一节大腿的长度大致相等。膝关节结实且适度弯曲。从飞节到脚垫的距离短。足爪与前躯相同。

(7) *被毛*　头部的毛发短而纤细，身体上的毛发长度适中，平坦或带有轻微的波浪状，质地为丝质。英国可卡犬有许多羽状饰毛，但不会多到影响其在野外工作。修剪是允许的，但必须修剪得尽可能接近自然形态，去处多余的毛发并强调它的自然线条。

(8) *颜色*　颜色多样。杂色可以是整洁的斑纹、斑点或花斑色，白色为主，结合了黑色、肝色或不同深浅的红色。在杂色中，最可取的是身上有纯色斑块，或多或少，均匀分布；身躯上没有斑块也可以接受。纯色是黑色、肝色或不同深浅的红色。纯色带有白色足爪属于缺陷；喉咙带有少量白色是允许的，但这些白色斑块绝不能使其看起来像杂色。棕色斑纹清晰整洁，不同深浅，可以与黑色、肝色及杂色结合在一起。黑色和棕色、肝色和棕色也被归为纯色。

(9) *步态*　英国可卡犬是能够在浓密的灌木丛中和丘陵地带狩猎的猎犬。所以它的步态特点更多地表现在强大的驱动力方面，而且速度非常快。当它在角度适当的情况下，可以很轻松地覆盖地面，并延伸到前面和后面。在比赛场中，它骄傲地昂起头，并且在站立等待检查和行走时，背线都能保持一致。走过来或离去时，行走路线笔直，没有横行或摇摆。在结构和步态都恰当的前提下，前腿和后腿间都保持相当宽的距离。

(10) *性情*　英国可卡犬欢快而热情，性情平稳，既不迟钝又不过度活跃，是心甘情愿的工作犬和忠诚可爱的伴侣犬。

【技能训练】

1. 所需用品

美容台、浴缸、趾甲剪、针梳、开结刀、美容桌、洗耳液、洗眼液、吹风机、吹水机。

2. 内容及步骤

按照长毛犬的基础护理要求完成犬的健康检查、被毛的刷理与梳理、耳朵的清洗、眼睛的清洗、趾甲的修剪、洗澡、吹干等护理内容。

3. 注意事项

①可卡犬耳朵通风不好，一定要认真检查耳朵健康。

②确定毛发梳通，不要有毛结。

环节二：准备工具

【知识学习】

工具相关知识见单元一“宠物基础护理”。

【技能训练】

1. 所需用品

美容师梳、电剪、各种型号刀头（$7^{\#}$、$10^{\#}$、$15^{\#}$、$30^{\#}$）、直剪、牙剪、小电剪。

2. 内容及步骤

此操作见单元二任务一“博美犬造型设计及修剪”。

环节三：共同部位修剪

此环节相关知识和操作参照单元二任务一“博美犬造型设计及修剪”。

环节四：电剪修剪

【知识学习】

工具相关知识见单元一“宠物基础护理”。

【技能训练】

1. 所需用品

美容师梳、电剪、各种型号刀头($7^{\#}$、$10^{\#}$、$15^{\#}$)。

2. 内容及步骤

(1)修剪身体　换$7^{\#}$刀头，从枕骨处顺毛生长方向剃至尾尖(图 2-3-1)。枕骨侧面顺毛剃，前腿剃至腕骨端，后腿剃至坐骨端，前胸剃至胸骨处。身体侧面顺毛生长方向沿躯体两侧向下剃。

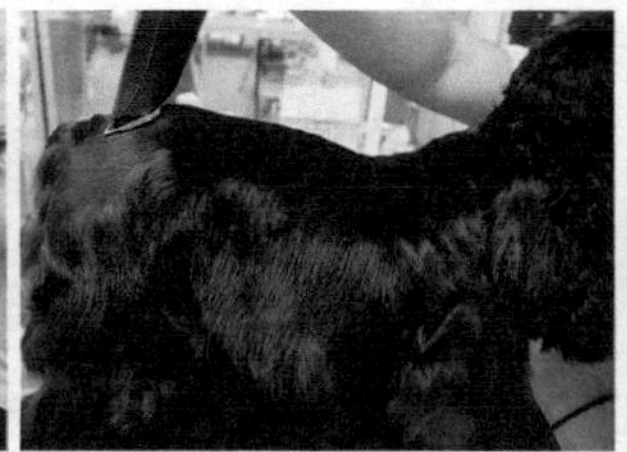
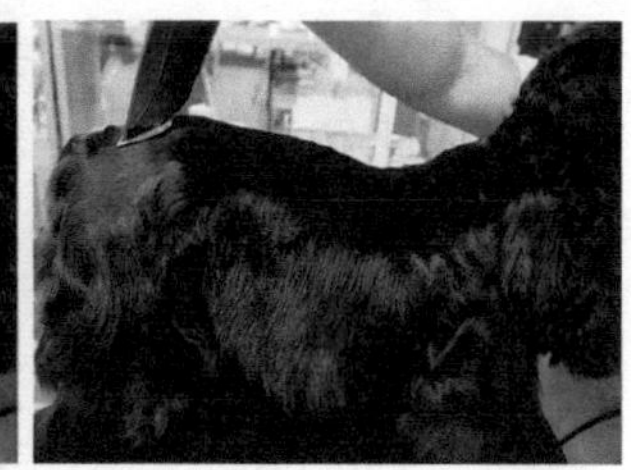

图 2-3-1　修剪身体

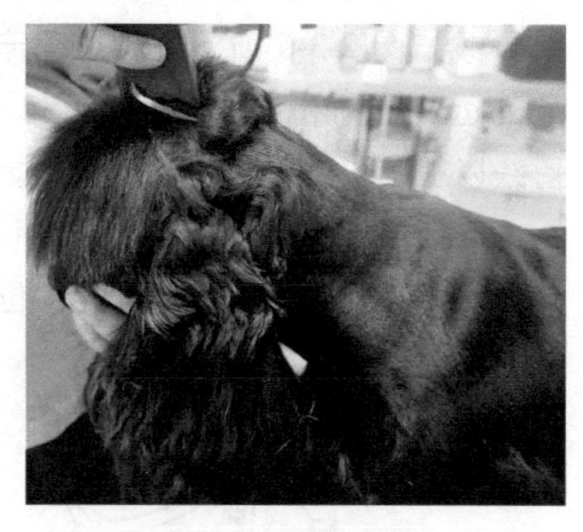

图 2-3-2　修剪头部

（2）修剪头部　用 $10^{\#}$ 刀头，顺毛生长的方向修剪，从头顶最高点，即头顶 1/2 处向后剃至枕骨。头顶前段 1/2 处在眉毛留一小部分头花（图 2-3-2）。英国可卡犬不留头花，要求将头部饰毛全部剃掉。

（3）修剪面部　用 $10^{\#}$ 刀头，逆毛从耳根剃到外眼角，然后从外眼角剃到上额末端，再从额段剃到鼻尖（图 2-3-3），边缘剃线要呈直线。

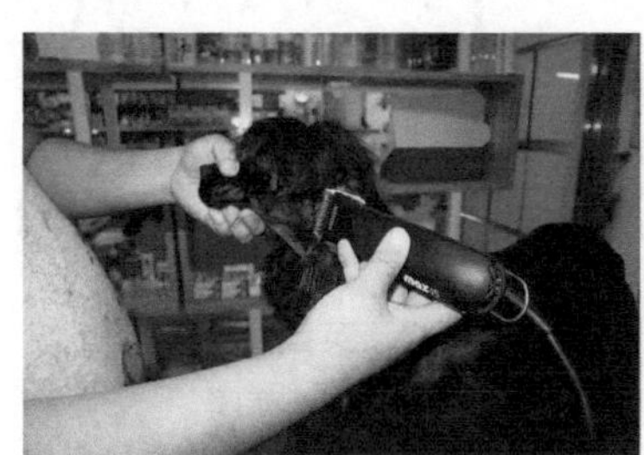
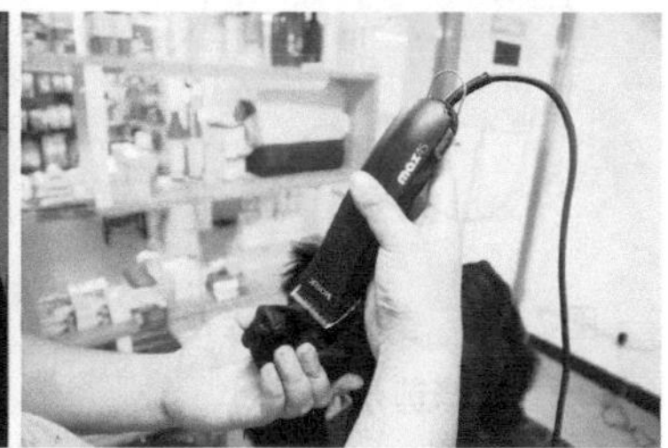

图 2-3-3　修剪面部

（4）修剪颈部　用 $10^{\#}$ 刀头，从外耳根向下沿直线剃至胸骨上 2 指处，再逆毛剃至下额末端。修剪喉部时要抬起下颌，逆毛剃至下巴；颈部侧面的被毛应顺毛生长方向剃（图 2-3-4）。

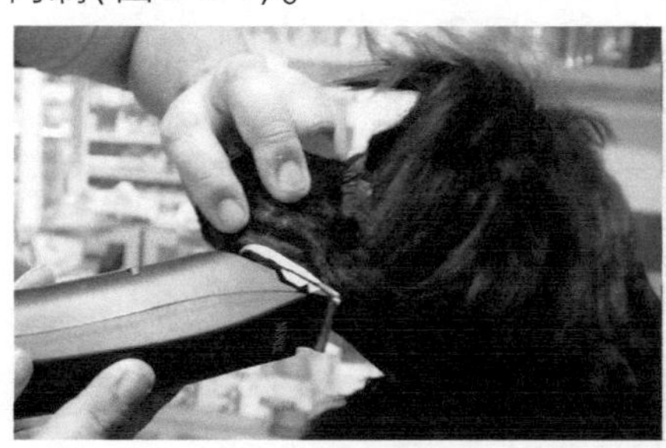

图 2-3-4　修剪颈部

(5)修剪耳朵　用15#刀头，从耳根顺毛向耳尖方向剃至耳朵的1/3～1/2处。耳朵内侧和外侧要剃至相同的位置(图2-3-5)。

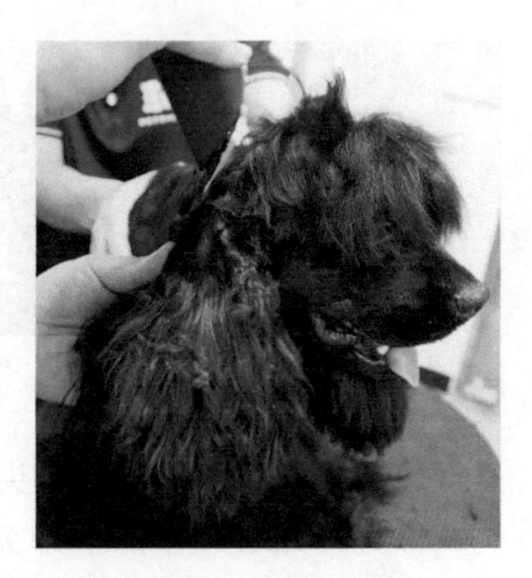

图2-3-5　修剪耳朵

3. 注意事项

①每个部位所用刀头不一样，剃之前应确定刀头型号是否正确。

②美国可卡犬电剪修剪部分的运剪方向和修剪界线如图2-3-6所示，英国可卡犬电剪修剪部分的运剪方向和修剪界线如图2-3-7所示，图中虚线以上部分为电剪修剪部分，虚线为假想线。

③使用电剪时一定要紧贴皮肤。

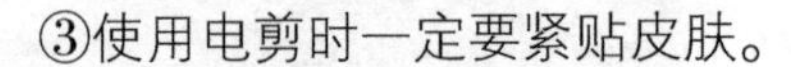

④剃耳朵时，将要剃毛的部位垫在手掌上剃。

图2-3-6　美国可卡犬电剪修剪示意图

图2-3-7　英国可卡犬电剪修剪示意图

环节五：直剪修剪

【知识学习】

工具相关知识见单元一“宠物基础护理”。

【技能训练】

1. 所需用品

直剪、美容师梳。

2. 内容及步骤

(1)修剪前肢　把前肢的毛向下梳，修去超过脚垫的毛。在离桌面 1 ~ 2cm 处修剪脚圈。剪刀沿桌面倾斜 45°逐层剪出弧形，足圆，呈碗底状(图 2-3-8)。

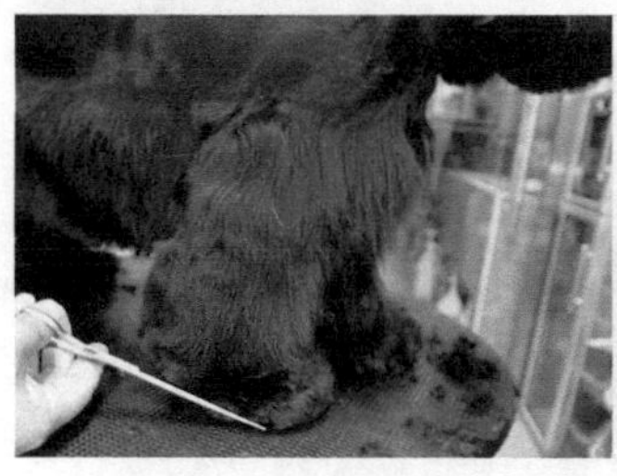
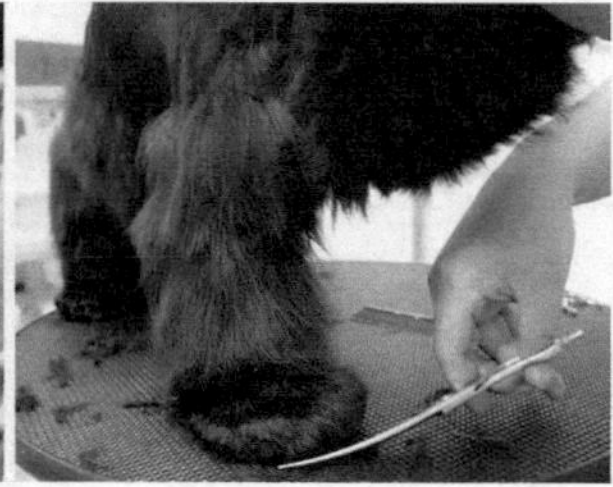
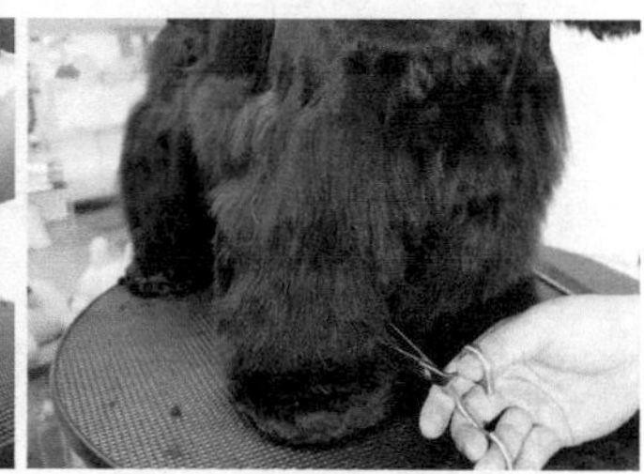

图 2-3-8　修剪前肢

(2)修剪腹部　把腹毛向下梳理，从前腿肘后开始，向上修剪小斜线至腰部(图 2-3-9)。

(3)修剪后肢　把后肢的毛向下梳，后腿前方修剪斜线；修剪脚圈方法与前肢相同，呈碗底状(图 2-3-10)。

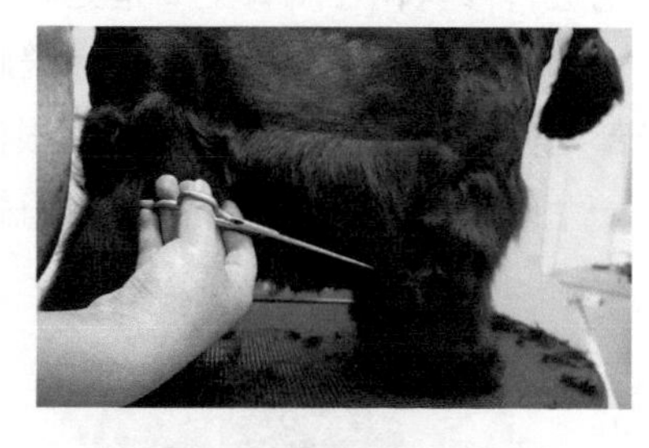

图 2-3-9　修剪腹部

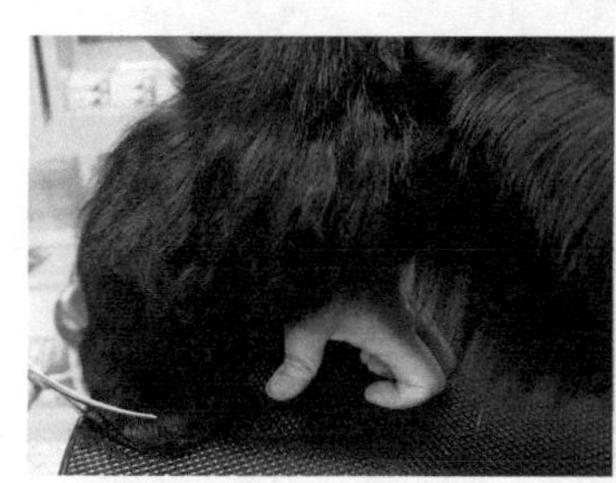
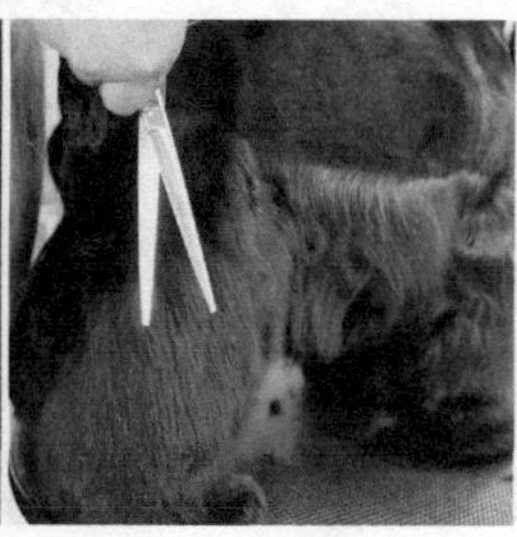
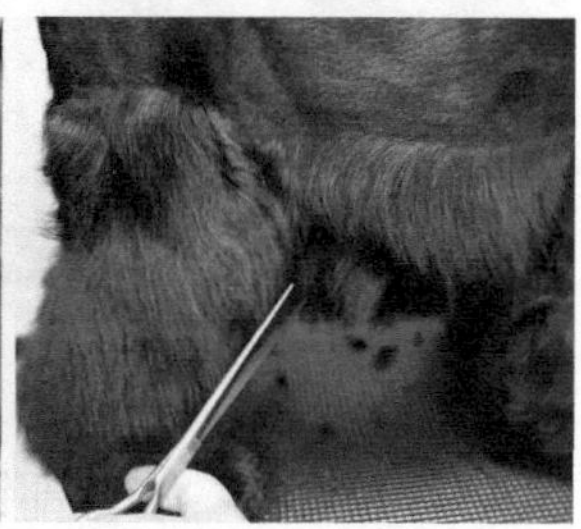

图 2-3-10　修剪后肢

环节六：牙剪修剪

【知识学习】

工具相关知识见单元一“宠物基础护理”。

【技能训练】

1. 所需用品

牙剪、美容师梳。

2. 内容及步骤

(1)修剪尾部　将尾部后方的毛发修剪伏贴，尾巴剪成圆柱状。

(2)修剪臀部　将坐骨位置的毛发打薄，顺毛向下剪(图2-3-11)。

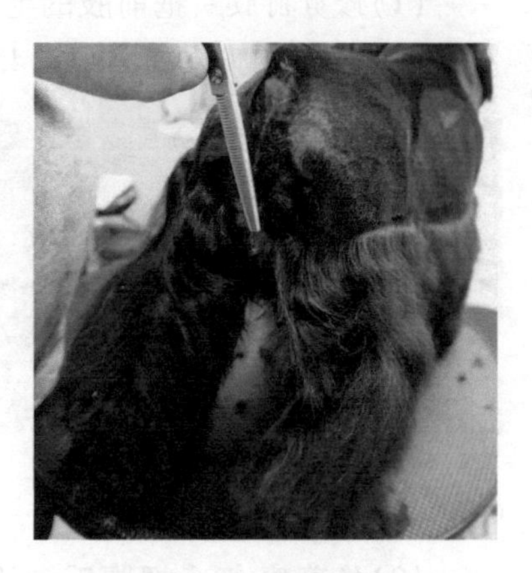

图2-3-11　修剪臂部

(3)修剪前胸　将颈部与身体连接处多余的毛进行修剪，在胸骨上2指处顺毛向下剪。

(4)修剪头部　头盖骨底端顺毛打薄，将头部毛向后梳理，从头顶向外耳根修剪弧线，再从一个外眼角向另一个外眼角修剪弧线(图2-3-12)。

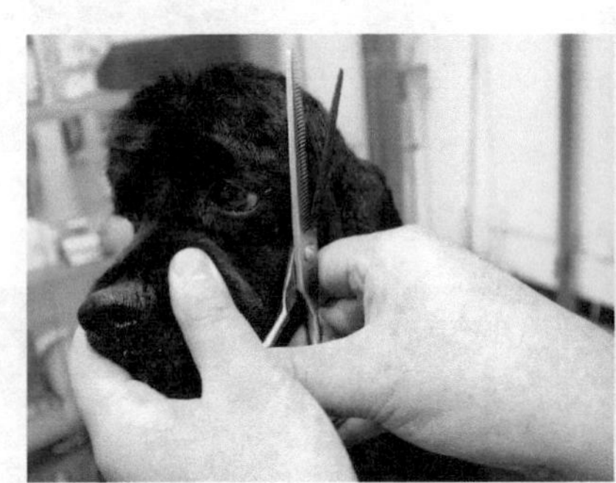
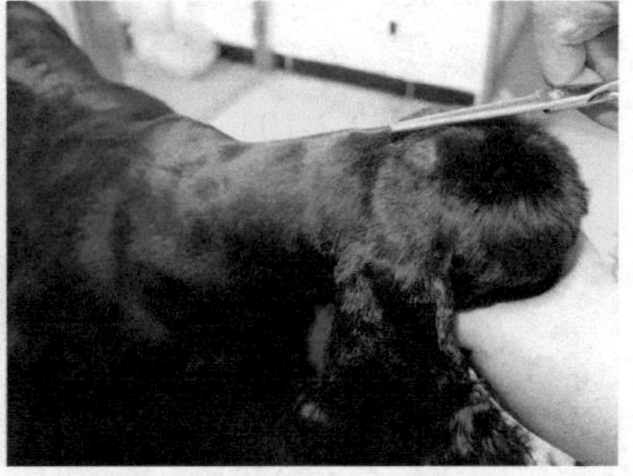

图2-3-12　修剪头部

(5)修剪耳部　将耳部饰毛向下梳理，将耳朵边缘饰毛修剪呈圆弧状，令毛发自然结合(图2-3-13)。

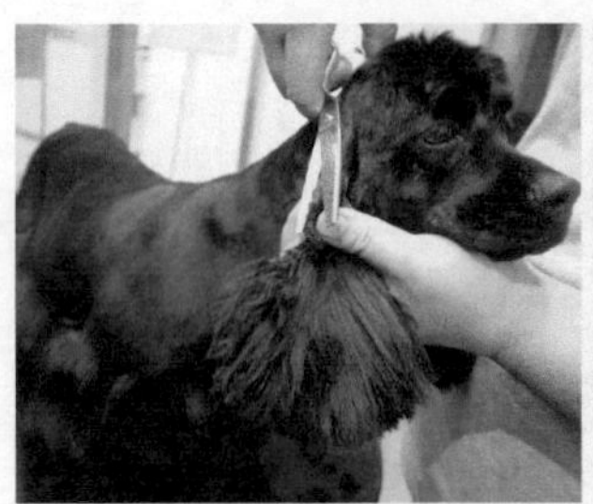
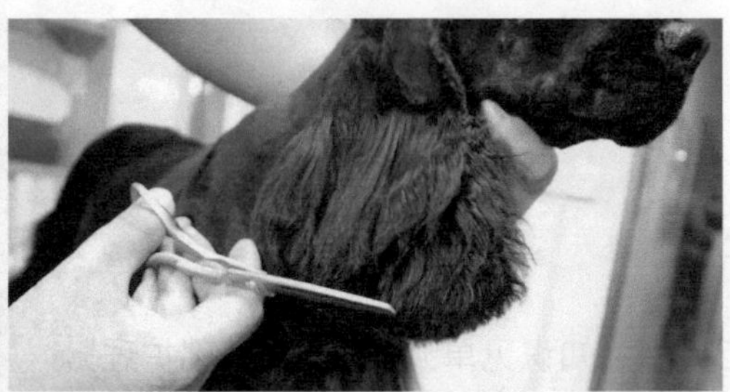

图2-3-13　修剪耳部

(6) 整体造型　整体造型要表现得活泼、欢快、利落、可爱、温和、热情。

3. 注意事项

将各衔接处修剪自然。

思考与讨论

1. 可卡犬造型修剪前的基础美容要求是什么?
2. 英国可卡犬和美国可卡犬电剪修剪的区别是什么?
3. 可卡犬电剪修剪部位有哪些?
4. 可卡犬的四肢修剪成什么形状?
5. 可卡犬的造型修剪顺序是什么?

考核评价

一、技能考核评分表

序号	考核项目	测评人			综合成绩
		自我评价（15%）	小组互评（25%）	教师评价（60%）	
1	犬的控制及对犬的态度				
2	基础美容				
3	造型修剪				
总成绩					

二、情感态度考核评分表

序号	考核项目	测评人			综合成绩
		自我评价（15%）	小组互评（25%）	教师评价（60%）	
1	团队合作能力				
2	组织纪律性				
3	职业意识性				
总成绩					

三、考核内容及评分标准

考核内容	考核项目	评分标准	分值（分）
技能	犬的控制及对犬的态度	抱持犬姿势、固定犬姿势正确，与犬及主人的交流顺畅	10
		抱持犬姿势、固定犬姿势有 1 处错误，与犬及主人的交流不顺畅	6
		抱持犬姿势、固定犬姿势有 2 处错误，与犬及主人没有交流	0
	基础美容	基础美容操作正确，在规定的时间完成，符合可卡犬造型修剪要求	20
		基础美容操作不流畅，比规定的时间晚 15min，基本符合可卡犬造型修剪要求	12
		基础美容操作不流畅，比规定的时间晚 30min，不符合可卡犬造型修剪要求	0
	造型修剪	美容梳、剪刀、电剪的使用方法正确，电剪修剪平整，四肢脚型修剪正确	40
		美容梳、剪刀、电剪有 1 种使用方法错误，电剪有 60% 修剪平整，四肢脚型修剪基本符合要求	24
		美容梳、剪刀、电剪有 2 种使用方法错误，电剪有 30% 修剪平整，四肢脚型修剪不符合要求	0
情感态度	团队合作能力	积极参加小组活动，团队合作意识强，组织协调能力强	10
		能够参与小组课堂活动，具有团队合作意识	6
		在教师和同学的帮助下能够参与小组活动，主动性差	0
	组织纪律性	严格遵守课堂纪律，无迟到或早退，不打闹，学习态度端正	10
		遵守课堂纪律，有迟到或早退现象，有时做与课程无关的事情，学习态度较好	6
		不遵守课堂纪律，迟到或早退，做与课程无关的事情，且不听教师劝阻，态度差	0
	职业意识性	有较强的安全意识、节约意识、爱护动物的意识	10
		安全意识较差，固定姿势有 3 处错误，节约意识不强	6
		安全意识较差，固定姿势有 5 处错误，节约意识差	0

任务四　雪纳瑞犬造型设计及修剪

【任务描述】

客户的标准雪纳瑞犬之前没有进行过造型修剪，现在毛比较长，看起来比较邋遢，客户想让犬看起来比较可爱，请按照雪纳瑞造型修剪的要求给雪纳瑞犬进行造型修剪。

【任务目标】

1. 掌握雪纳瑞犬造型修剪要求。
2. 掌握雪纳瑞犬造型修剪操作步骤，基本掌握雪纳瑞犬造型修剪方法。
3. 掌握电剪的使用方法。
4. 掌握剪刀的使用方法。

【任务流程】

基础护理—共同部位修剪—电剪修剪—直剪修剪—牙剪修剪

环节一：基础护理

【知识学习】

一、雪纳瑞犬历史起源

雪纳瑞犬属于梗类犬的一种，起源于15世纪的德国，是唯一在梗犬类中不含英国血统的品种。其名字“Schnauzer”是德语的“口吻”之意，它们精力充沛、活泼。雪纳瑞犬分为标准雪纳瑞犬、迷你雪纳瑞犬和巨型雪纳瑞犬3个品种。

1. 标准雪纳瑞犬的血统渊源

标准雪纳瑞犬是一种古老的德国犬，是黑色德国狮子犬和有硬毛多伯曼平犬血统的博美犬杂交的后代。在德国一直被作为捕鼠和护院的工作犬，并且因其机智和勇敢，在战争时期被用来传递信息和协助红十字人员救助伤员。1879年，在汉诺威举行的第三届德国国际犬展中，标准雪纳瑞犬第一次作为硬毛多伯曼平犬参展。1880年，雪纳瑞犬的专门犬展在斯图加特举行，1907年在慕尼黑成立了巴伐利亚雪纳瑞犬俱乐部。标准雪纳瑞犬身高44.6～49.5cm，身高和体长相等，体型呈方形，体重23～25kg，颜色分为椒盐色和纯黑色。从体型上看，标准雪纳瑞犬是中型犬。

2. 巨型雪纳瑞犬的血统渊源

大型雪纳瑞犬起源于德国的农业区，牧羊人通常会使用雪纳瑞犬将牲畜赶到市场上，标准雪纳瑞犬的体型用来驱赶羊群非常理想，但是赶牛群比较困难，因此，巴伐利亚的牧羊人开始尝试杂交出更大体型的雪纳瑞犬，将标准雪纳瑞犬与被毛光滑的牧羊犬杂交，再与硬毛牧羊犬杂交，再后来与黑丹犬杂交，最终繁殖出了大型雪纳瑞犬，最早的时候被叫作慕尼黑犬，除了牧牛之外，它还被德国警方用作警犬。

3. 迷你雪纳瑞犬的血统渊源

迷你型雪纳瑞犬派生于标准型雪纳瑞犬，有传说与猴面犬和小型贵妇犬杂交过。1899 年，迷你雪纳瑞犬作为一个独立的犬种参加犬展。迷你雪纳瑞犬与其他犬类不同的地方在于其他犬类均是为了攻击各种有害动物而培育出的，而迷你雪纳瑞犬是作为小型农场捕鼠用途培育出的，其自身的攻击性较弱，并且具备了欢快迷人的气质，也是最为温顺的一种犬类。

二、品种标准

1. 标准雪纳瑞犬 AKC 标准

(1)整体外貌　身体粗壮，骨骼肌肉非常发达，身体呈方形。拱形的眉毛和粗硬的胡须是该犬的特征。

(2)大小、比例和结构　理想的身高为公犬 48 ~ 50cm、母犬 45 ~ 48cm。任何背离这一范围的现象都属于缺陷，体高低于或高于标准体高的 1/2 为不符合标准。肩高与体长相等。

(3)头部　头部结实，呈矩形，从耳朵开始经过眼睛到鼻镜，略微变窄。整个头部的长度大约为后背长度(从马肩隆到尾根处)的 1/2。头部应该显得与性别及整个体型相称。表情警觉，智商很高，勇敢。眼睛为中等大小，深褐色、卵形，而且方向是向前的；既不能呈圆形，也不能突出。眉毛弯弯的，而且是刚毛，但眉毛不能太长，以至于影响视力或遮住眼睛。耳朵位置高，比较厚，剪耳后耳直立。如果未剪耳，应该是中等大小的耳朵，呈“V”字形，向前折叠，内侧边缘靠近面颊。立耳或垂耳都属于缺陷。

颅骨宽度适中，不超过整个长度的 2/3；颅骨必须是平坦的，既不圆，也不显得不平整；头皮平整。口吻结实，与脑袋平行而且长度与脑袋一致；口吻末端呈钝楔形，有夸张的刚毛胡须，使整个头部呈矩形外观。口吻的轮廓线与脑袋的轮廓线平行。鼻镜大，黑色而且丰满。嘴唇黑色，紧。面颊部咬合肌发达，但不能太夸张以至于变成“厚脸皮”，而破坏了矩形头部的整体外观。牙齿洁白、健全，剪状咬合，犬齿发达。上、下颌有力，不能是上颌突出式咬合或下颌突出式咬合。水平咬合不理想，上、下颌过于突出是严重缺陷。

(4)颈部、背线、身躯　颈部结实，中等粗细和长度，呈优雅的弧线形，与肩部结合简洁。从侧面看，肩部与上臂的连接处为直角。背线不是绝对水平，而是从马肩隆处的第一节脊椎开始，到臀部(尾根处)略微向下倾，并略呈弧形。背部结实、坚固，直而短。腰部发育良好，从最后一根肋骨到臀部的距离尽可能短。肘关节贴近身体，指向后身。前肢的退化趾可以去除。尾根位置稍高，向上竖立。需要断尾，保留的长度在2.5~5.1cm。松鼠似的尾巴是缺陷。

(5)**前躯**　肩胛骨倾斜且肌肉发达，所以肩膀平坦，而且肩胛骨圆形的顶端正好与肘部处在同一垂直线上。从侧面观察，应该尽可能是直角。这样的角度可以使前肢得到最大的伸展性，而不受任何牵制。前肢笔直，垂直于地面，从任何角度观察，都没有弯曲的现象；两腿适度分开；骨量充足；肘部紧贴身体，肘尖指向后面。前肢的狼爪可以被切除。足爪小、紧凑且圆，脚垫厚实，黑色的趾甲非常结实。脚趾紧密，略呈拱形(猫足)，趾尖笔直向前。

(6)**后躯**　后躯肌肉非常发达，与前肢保持恰当比例，绝对不能比肩部更高。大腿粗壮，后膝关节角度合适。第二节大腿(从膝关节到飞节)与颈部的延长线平行。脚腕从飞节到足爪这一部分短，且与地面完全垂直，而且从后面观察，彼此平行。后肢上的狼爪一般都会切除。足爪与前肢相同。

(7)**被毛**　被毛紧密、粗硬、刚毛而且尽可能浓密，底毛柔软而紧密，外被毛粗糙，背部的上层毛与身体垂直，被毛的修剪要突出身体的轮廓。背部被毛的长度在2~5cm的犬才能参展。耳朵、头部、颈部、胸部、腹部和尾巴下面的毛发都需要修剪，以突出这一品种的特点。口吻和眼睛上面的毛发比较长一些，形成眉毛和胡须；腿上的毛发比身躯上的要长一些。这些“修饰”使毛发看起来质地粗糙，但不能太夸张，以至影响其作为工作犬整洁优雅的整体外观。

(8)**毛色**　毛色为椒盐色或纯黑色。

椒盐色：典型的椒盐色是混合了黑色和白色毛发，及白色镶黑色的毛发，深浅不一的椒盐色、铁灰色及灰银色都可以被接受。理想的情况是，椒盐色标准雪纳瑞犬拥有灰色底毛，但褐色底毛或驼色底毛也可以接受。在与身体上颜色协调的前提下，面部的“面具”颜色越深越好。椒盐色的犬，其椒盐色毛发在眉毛、胡须、面颊、喉咙下面、胸部、尾巴下面、腿下部、身体下面和腿的内侧，会淡出至浅灰色或银白色。

黑色：理想的黑色标准雪纳瑞犬是真正的纯色，没有任何褪色、变色、混合了灰色或褐色。当然，底毛也是纯黑色。但是，年老犬或长期日晒，肯定会造成严重褪色。在胸前有小块白色污迹不算缺陷。被割伤或咬伤留下的疤痕而引起的褪色不属于缺陷。

除了指定颜色以外的任何颜色都属于缺陷，如椒盐色混合了铁锈色、棕色、红色、黄色和褐色；缺乏胡椒色；斑点或条纹；背上有黑色条纹；在黑色鞍状部分没有椒盐色毛发或黑色的雪纳瑞犬有灰色毛发；黑色雪纳瑞犬有其他颜色底毛。

(9) 步态　完美、有力、敏捷、大方、正确且标准的步态是由于后腿有力而且后腿角度合理，能很好地产生驱动力。前肢伸展的幅度与后腿保持平衡。在小跑时，后体坚固而水平，没有摇摆、起伏或拱起。从后面观察，虽然在小跑中足爪可能会向内靠，但绝不能相碰或交叉。加速时，足爪可能会向身体的中心线靠。

缺陷：侧行或迂回前进；划桨步，起伏、摇摆；无力、晃动、僵硬、做作的臀部动作；前肢向内或向外翻；马步，从后面观察有交叉或相碰。

(10) 气质　标准雪纳瑞犬具有极高的智商，乐于接受训练，勇敢，对气候和疾病有很强的忍耐力和抵御力。它天性合群，非常英勇而且极度忠诚。

缺陷：对缺陷需要认真对待，任何背离上述原则（高智商、英勇、可靠）的标准雪纳瑞犬，如害羞或非常神经质都属于严重缺陷，并需要淘汰，特别恶劣的属于失格。

(11) 失格　公犬低于46cm或高于51cm，母犬低于44cm或高于49cm；攻击性强的犬。

2. 大型雪纳瑞犬AKC标准

(1) 整体外貌　大型雪纳瑞犬与标准雪纳瑞犬十分接近，从一般外观来看，简直就是一个巨大的、有力的标准雪纳瑞犬的翻版，只是将轮廓加粗一些。精力充沛、结构稳固。身体的高度和长度的比例接近正方形，活泼、强壮而肌肉发达。气质包括了热情和机警，聪明而可靠；沉着、警觉、勇敢，容易训练，对家庭非常忠实；爱玩闹，安静时显得和蔼，警觉时显得有支配力。健康而可信赖的气质、粗糙的外表、能应付各种气候的浓密的刚毛，使这一品种成为了力量和耐力俱佳、具有一种或多种用途的工作犬。

(2) 大小、比例和结构　理想公犬体高66～71cm，母犬体高60～66cm。整体的外形、性格、性情较单独的体高指标重要。

(3) 头部　头部结实，矩形外观，而且很长；从耳朵经过眼睛到鼻镜略略变窄。整个长度约等于后背长度（从马肩隆到尾根的长度）的1/2。头部与性别及整体结构相称。口吻的轮廓与脑袋的轮廓平行，止部轻微而眉毛突出。

脑袋（从后枕骨到止部）：两耳间宽度适中，后枕骨不十分明显。头顶平坦，没有皱纹。

面颊：面颊平坦，但咬合肌发达，没有“厚脸皮”现象影响头部的矩形外观(连胡须)。

口吻：结实且填满眼睛下方空间，与脑袋轮廓线平行且长度相等，末端呈钝楔形。鼻镜大、黑色、丰满，嘴唇紧、无交叠、黑色。完整而健康的白色牙齿，剪状咬合。上、下颌有力而结构完美。上颌突出式咬合或下颌突出式咬合。断耳的形状和长度与尖耳一致。与头部平衡，且长度不能太夸张。耳位高且竖立，如果未剪耳，耳朵呈“V”字形，纽扣耳、中等长度和厚度，耳位高，从高处折向脑袋。

眼睛：中等大小，深褐色、位置深。眼睛呈卵形，眼神锐利，眼睑紧凑。眉毛不会太长而影响视力或遮住眼睛。颈部强壮，拱形，中等长度，与肩部连接整洁，喉部皮肤紧凑。

(4)**颈部、背线和躯干**　颈部粗壮，背部短、直、强健。躯干紧凑、结实、强壮、灵活而有力。腰部很短，显得躯干非常紧凑。尾根位置高，兴奋时尾巴向上翘。应在第二节或不超过第三节尾骨处断尾(成年犬3cm或4～8cm)。

(5)**前躯**　前躯平，略斜的肩部和高高的马肩隆。前肢直，不论从哪个角度观察都是垂直的，脚腕结实、骨量充足。前肢被深深的胸部分开，前胸没有任何萎缩的样子。肘部贴紧身体，肘尖笔直向后。胸部宽度中等，肋骨扩张良好，不能是桶状胸，胸腔纵向截面呈卵形。胸骨清晰可辨，前胸结实；胸深达到肘部，向后逐渐上收，与上提的腹部连接。肋骨的扩张度从第一条肋骨开始逐渐展开，可以使肘部贴近身体自由地运动。肩胛骨向后伸展，前缘几乎是一条直线。肩胛骨和前臂骨都足够长，给予胸部足够的深度。如果前肢有狼爪，可以切除或保留。

(6)**后躯**　后躯肌肉发达，与前躯平衡；第一节大腿倾斜，在膝关节处呈恰当的角度，第二节大腿大致与颈部延长线平行，从飞节到足爪的长度短，站立时，与地面垂直，从后面观察，彼此平行。后躯不过分夸张或比马肩隆高。臀部丰满而略圆。足爪适度圆拱，紧凑的猫足，既不向内弯，也不向外翻，脚垫厚实坚硬，黑色的趾甲。后肢如果有狼爪，必须切除。

(7)**被毛**　被毛粗、卷曲，非常密。下层毛柔软。外层毛硬，不紧贴身体。大型雪纳瑞犬的特征是粗硬的毛发、胡子和眉毛。

(8)**颜色**　毛色纯黑色或椒盐色。

黑色：真正的纯黑色，胸部有很小的白色斑纹是允许的，其他的斑纹都属于失格。

椒盐色：外层被毛为组合色毛发(白色带黑色的毛发或黑色带白色的毛发)，还有一些黑色或白色毛发，看起来像是灰色。

理想的颜色：色素浓烈、中等灰色(胡椒色)均匀地遍布全身的被毛，底毛为灰色。

允许的颜色：从深铁灰色到银灰色等不同深浅的胡椒色。每种颜色的椒盐色都应该有深色“面具”以强调表情；“面具”颜色与身体颜色协调。眉毛、胡须、面颊、喉咙、胸部、腿和尾巴处的被毛颜色浅一些，但也包括在胡椒色内。有斑纹属于失格。

(9)**步态** 评判其运动应看小跑。灵活、平衡、充满活力。前躯伸展，后躯驱动有力。前、后肢既不内翻也不外展。快步走时，体态平衡的犬四肢的落地点应在一条直线上。背部保持直而平。

(10)**性情** 活泼、沉着、机警、聪明、勇敢、忠诚、温顺，是最合适的能吃苦耐劳的工作犬。

(11)**失格**

①上颌突出式咬合或下颌突出式咬合。

②除上述描述以外的斑纹和颜色。

3. 迷你雪纳瑞犬AKC标准

(1)**整体外貌** 迷你雪纳瑞犬是一种典型的精力充沛、活动积极的梗犬类型，整体表现上，与有血缘关系的体型大的标准刚毛梗相似，属于一种性格机警、活泼的犬。

(2)**尺寸、比例和结构** 体高31～36cm。结构强健，体长与体高近似，近似方形，骨骼充实，不会有过小的迹象。公犬或母犬低于31cm或超过36cm都是失格。

(3)**头部** 眼睛小、深褐且深置。外观上眼睛过小或大而凸起为缺陷。剪耳时，两耳朵的长度与外型一致，有耳尖。耳位高置于头盖骨上且耳内缘保持直立状，沿着耳外缘的耳背部分尽可能少留。未剪耳时，耳朵小并呈“V”字形，下折接近于头盖骨。

头部强健呈矩形，宽度由耳朵向眼睛稍减少，并保持一定的宽度到鼻尖。前额无皱折。颅顶部扁平、较长，口吻与头盖呈平行，有一个轻微的额段，口吻至少要与颅顶部等长。口吻强健，与头盖呈比例，端点终止于适当的宽度。有密集的胡须用以强化其矩形头部的外观。头部过宽及脸颊过厚为缺陷。牙齿是剪状咬合，即当嘴闭合时，上门齿列与部分下门齿列以上齿内缘几乎接触下齿外缘的方式重叠。水平咬合、上颌过长或下颌过长均为缺陷。

(4)**颈部、背线和躯干**　颈部强健并有适当的颈拱，与肩膀融合，并在喉部的皮肤适度紧绷。身体短且深，下胸至少延伸至肘部。肋骨适度弯曲且长，向后延伸至短的腰。背线应直，由鬐胛稍斜到尾根。鬐胛构成身体的最高点。从胸到臀的全长与身高相等。胸过宽或浅胸。凹背或拱背(俗称鲤鱼背)都是缺陷。

尾接点高并维持直立。过低的尾位是缺陷。

(5)**前躯**　从任何角度观之，前腿直立且平行。前肢的骹骨强壮，骨骼发育良好。肋骨由第一根渐次分布以便容许肘部得以与身体相靠，肘应紧靠于身体。松脱的肘是缺陷。倾斜的肩膀肌肉结实，但平坦均称。肩膀相当后斜，如此一来肩胛骨顶端接近位于肘部正上方。两肩胛骨顶端接近。肩胛骨以一个向前和向下的倾斜，用以容许前腿毫不费力地、最大量地前伸。脚短、圆，有着厚、粗的趾垫。脚趾拱、紧密。

(6)**后躯**　强壮、肌肉发达、倾斜的大腿。在后膝关节有良好的弯曲，有充足的角度，以便站立时，踝关节伸出于臀部之后。后躯绝不出现过大或过高于肩膀。镰刀踝、牛踝、外扩踝或过深的后躯为缺陷。

(7)**被毛**　被毛双层，有硬、粗的外被毛及伏贴的底层毛。在头、颈、耳、前胸、尾巴及身体必须拔毛，但应该是选择性拔除。颈毛、耳毛及头盖毛必须伏贴。饰毛厚，但不柔滑。被毛过软或太柔滑是缺陷。

(8)**毛色**　认可的颜色是椒盐色、银黑色和纯黑色。所有的毛色与皮肤色一致。换言之，无白色或粉红色皮肤出现于狗的任何部位。

椒盐色：典型的椒盐色外被毛是与黑和白纹的毛、纯黑和无白纹的毛结合而产生的，数量上以有白纹居多。椒盐色犬，眉毛、胡须、脸颊毛、喉下毛、内耳毛、下胸毛、尾下毛、腿饰毛和后腿内侧毛的椒盐色会渐转为淡灰或银白色。在腹部也可能不会转变。然而，纵是如此，体侧部分较淡的毛也不至于会长高过肘部。

银黑色：同椒盐色一样，在整体原为椒盐色部分在黑银色犬为黑色。黑银色犬的外被毛为黑色，且底层毛也是真正的黑色。拔毛的部分无任何退化或棕色毛且腹部部分应为黑色。

纯黑色：黑色只容许为纯黑色。理想上，其黑色外被毛应是真正深沉有光泽的纯粹的黑色。底层毛的部分不如此严厉，是软、较无光泽的淡黑，这是自然而不可苛责的。拔毛的部分则无任何褪色或褐化。推除或修剪的部位则有一点色差。胸前一点儿白斑是容许的，同样的，其他部分的单一偶发性白毛也是容许的。

(9)步态　评判步态是在运动时小跑状态下进行的。当前进时，前腿之肘部应靠近身体，肘向前移动时，既不内关也不太开。跑离时，后腿应直，与前腿于同一平面行进。

通常在认可下，当达到快步时，后腿依旧与前腿于同一平面运行，然而会发生非常轻微的向内倾向。从前方或后方观之，前后腿从肩膀或髋关节到脚趾垫是直的。在迷你雪纳瑞犬正确运动的情况下，向内倾向是几乎观察不出的，这不是视为脚趾内关、交叉步，过近行进或者是肘部外开。

从侧面观之，当后腿强有力的推近时，前腿应充分伸出，并将踝关节适当抬起。脚部运行既非向内也不向外。

前肢为一个落点；步态外展、划桨式步态或马步。后推进力不足是缺陷。

(10)性情　警惕性高、勇敢、服从性好；友好、聪明、容易满足；既没有过分的攻击性，也不胆怯。

(11)失格

①公犬或母犬体高不足31cm或超过36cm。

②纯白色或在其他颜色区域出现白色条纹、白色斑块或白色斑点的犬，但允许在黑色前胸出现小的白点。

③被毛颜色为灰白色和银黑色的犬在喉咙下部和前胸交叉处褪色为淡灰色和银白色；这两种颜色之间的自然被毛颜色；任何不规则的或大片的白色斑或白色痕迹，被认为是身体上带有白色斑块的被毛，也是不合格的。

三、相关工具

工具相关知识见单元一“宠物基础护理”。

【技能训练】

1. 所需用品

美容台、浴缸、趾甲剪、针梳(钢丝梳)、开结刀、美容桌、洗耳液、洗眼液、吹风机、吹水机。

2. 内容及步骤

按照犬的基础护理要求完成犬的健康检查、被毛的刷理与梳理、耳朵的清洗、眼睛的清洗、趾甲的修剪、洗澡、吹干等护理内容。

3. 注意事项

①雪纳瑞犬的耳毛要拔干净。

②确定毛发全部梳通，不要有毛结。

环节二：共同部位修剪

此环节相关知识和操作参照单元二任务一“博美犬造型设计及修剪”。

环节三：电剪修剪

【知识学习】

工具相关知识见单元一“宠物基础护理”。

【技能训练】

1. 所需用品

美容师梳、电剪、各型号刀头(10#、15#)。

2. 内容及步骤

(1)修剪身躯　换10#刀头，从枕骨沿脊椎顺毛剃至尾尖；从胸骨顺毛剃至前肘后侧上1～2指，然后从前肘后侧依次向后剃斜线至腰窝，再从腰窝至后面剃斜线到飞节上2指或3指(图2-4-1)。

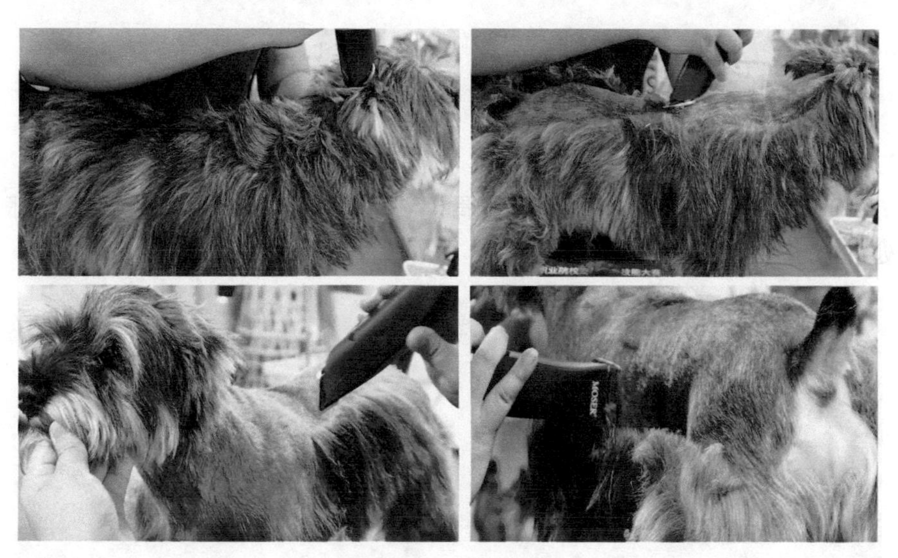

图2-4-1　修剪身躯

(2)修剪前胸　用10#刀头，从喉结至胸骨上2指位置剃到胸底(图2-4-2)。

(3)修剪后躯　用10#刀头，从肛门向上逆毛剃至尾尖，肛门向下剃至生殖器；从坐骨顺毛剃直线到膝关节后方(图2-4-3)。

(4)修剪颈部　用10#刀头，从下耳根处顺毛向下剃直线到胸骨上2指，呈"V"字形；从下颌逆毛剃至胡须边缘(图2-4-4)。

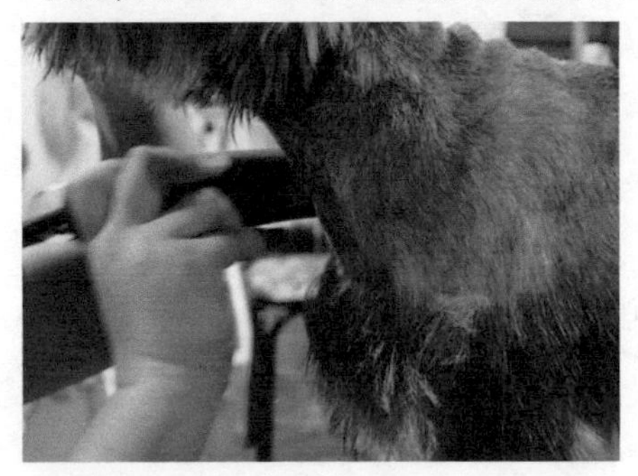

图2-4-2　修剪前胸

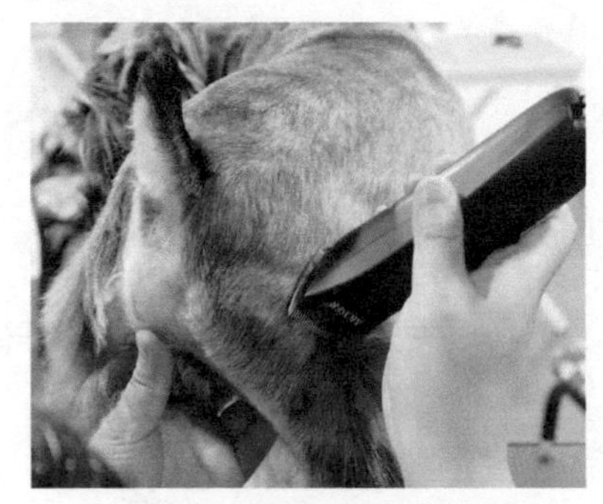

图2-4-3　修剪后躯

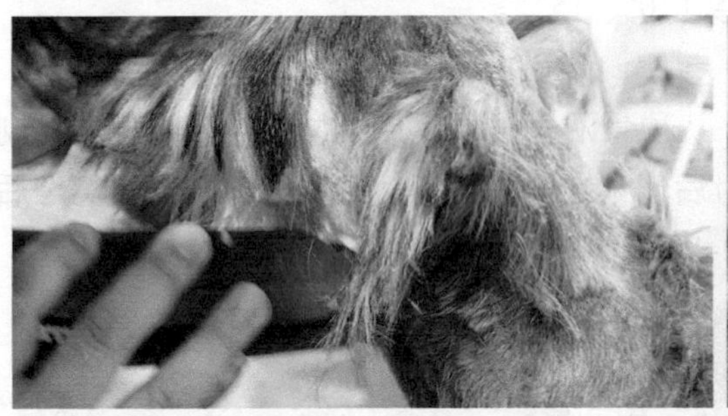

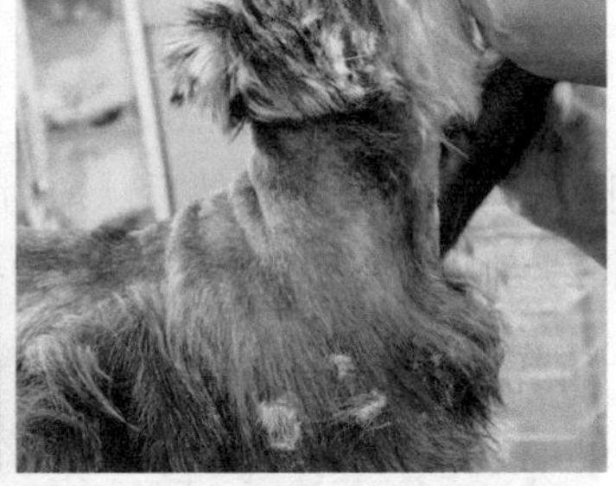

图2-4-4　修剪颈部

(5)修剪头部　用15#刀头，从眉骨剃到枕骨处，两侧剃到外眼角与耳根连接处(图2-4-5)。

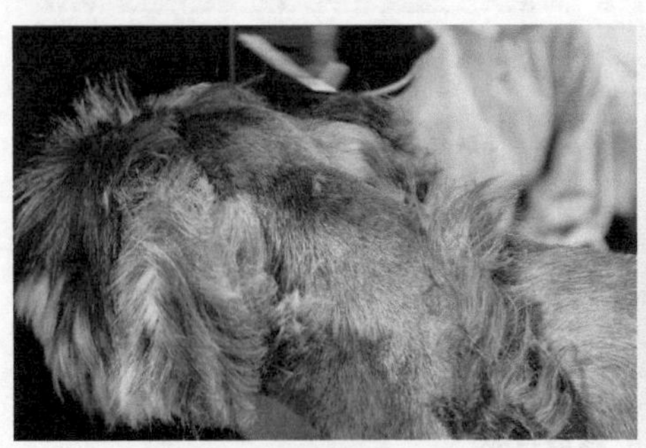

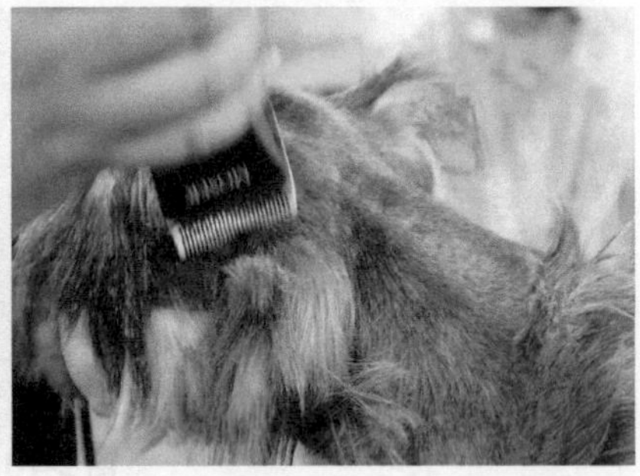

图2-4-5　修剪头部

(6) 修剪面部　用 15#刀头逆毛剃，从外眼角到耳根剃成一条直线，下耳根剃至胡须根部，外眼角到嘴角外剃成斜线(图 2-4-6)。

(7) 修剪耳部　用 15#刀头，从耳根处顺毛剃到耳尖。耳朵内侧从外耳根处顺毛剃到耳尖(图 2-4-7)。

(8)雪纳瑞犬全身电剪　修剪部分如图 2-4-8 所示。

图 2-4-6　面部修剪示意图

图 2-4-7　修剪耳部

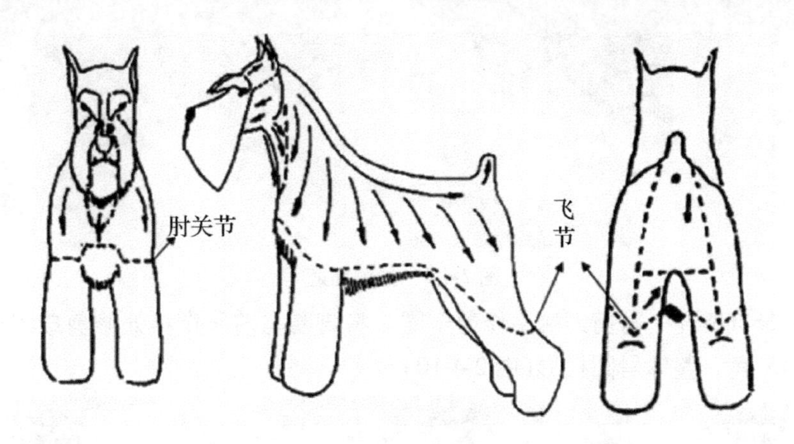

图 2-4-8　雪纳瑞犬全身电剪修剪部分示意图

3. 注意事项

①电剪要平贴皮肤剃，以免出现不平整现象。

②电剪剃耳朵时一定要将耳朵展开于手上剃，不要剃伤耳朵。

环节四：直剪修剪

【知识学习】

工具相关知识见单元一“宠物基础护理”。

【技能训练】

1. 所需用品

直剪、美容师梳。

2. 内容及步骤

(1)修剪前躯　用梳子将胸部毛发挑起，从肘部向脚尖修剪直线，内侧修剪直线到桌面，肘后方修剪直线。将前腿修剪成上略细下略粗的“垒球棒”形。若腿上的毛量不够，则修剪成圆柱形。从腕关节到脚底部以直线修剪整齐，确认无游离的毛从关节或其他部位伸出，脚跟部不突出(图2-4-9)。

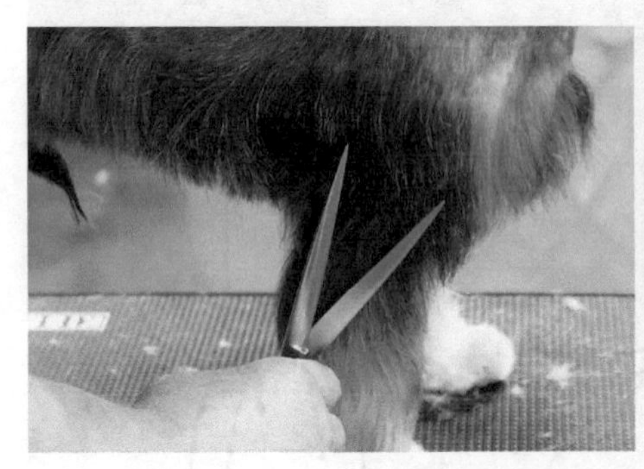
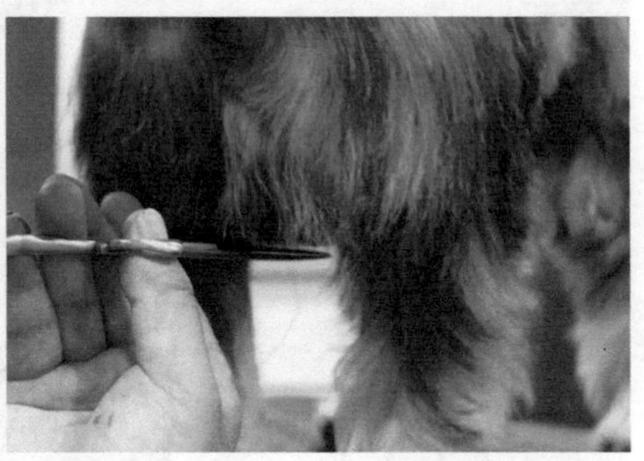

图2-4-9　修剪前躯

(2)修剪腿部　将剪刀端平修剪一圈。将脚圈与前肢衔接处修剪成圆形，与地面呈45°角，整体呈圆柱形(图2-4-10)。

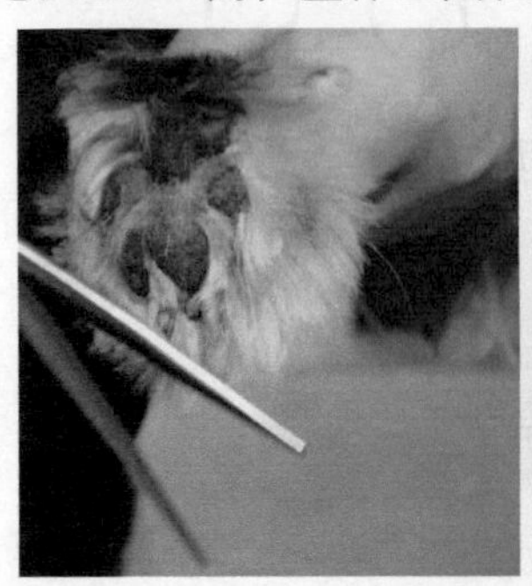
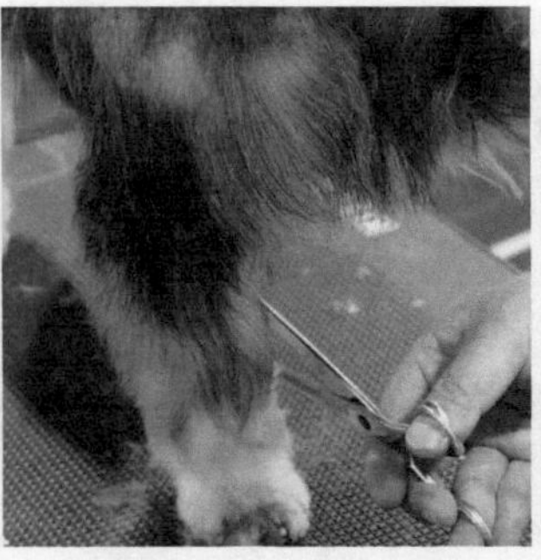
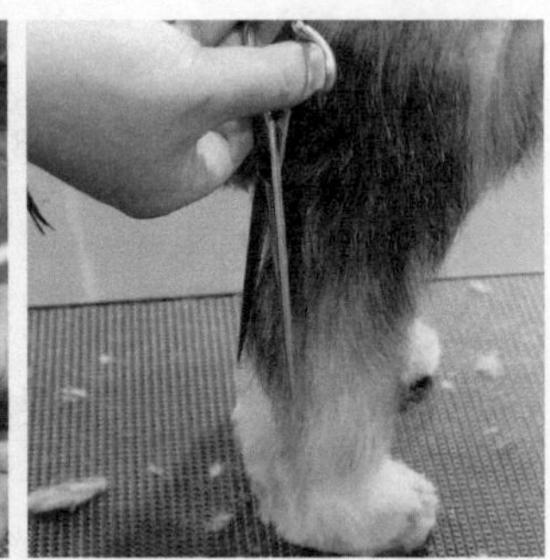

图2-4-10　修剪腿部

(3)修剪腹线　将侧腹部毛发向下梳理，从肘下 2.5～3cm 修剪小斜线到腰部，将腹底毛修平(注意保护犬乳头及生殖器)(图 2-4-11)。

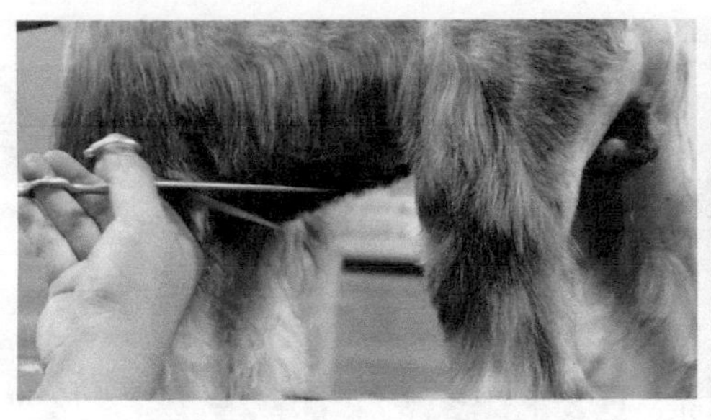
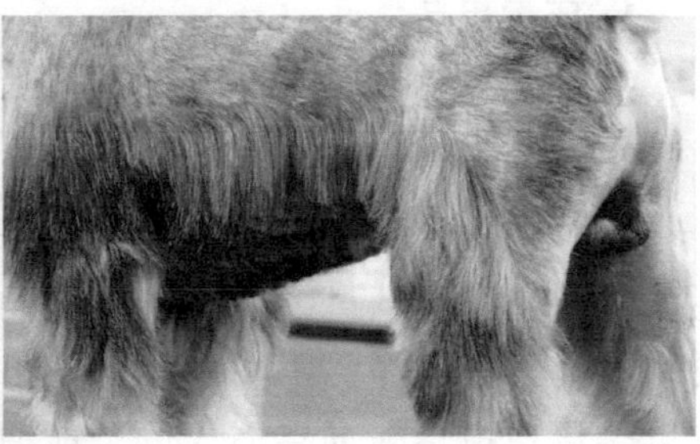

图 2-4-11　修剪腹线

(4)修剪后躯　从后肢前方修剪斜线到脚尖。修剪后腿时要将膝盖上的毛发与跗关节上的毛发相融合，从膝关节向下到跗关节修成半圆形，后肢内侧修剪直线，飞节处要垂直于桌面，后脚跟与地面呈 45°角(图 2-4-12)。

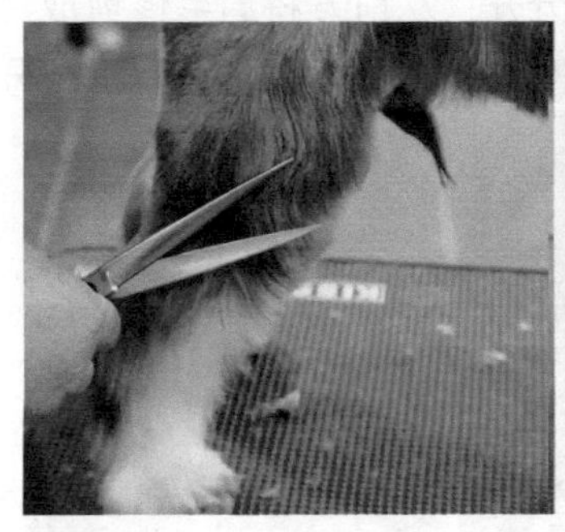
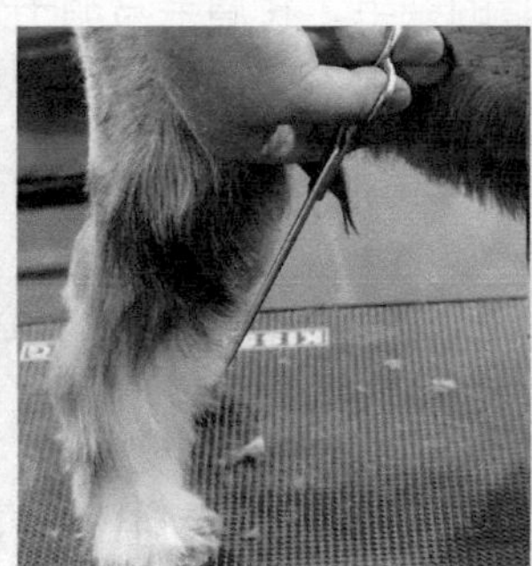
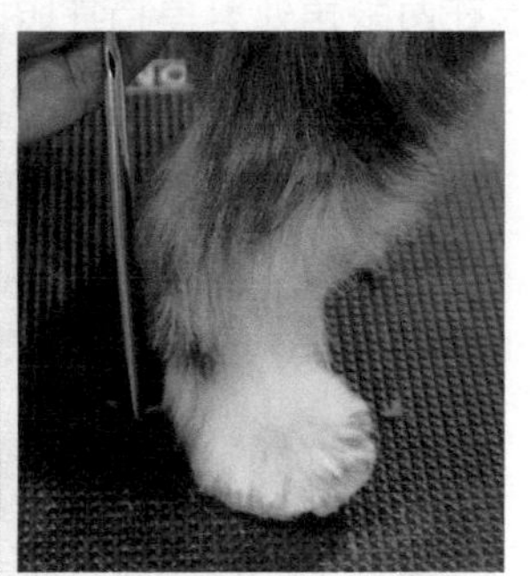

图 2-4-12　修剪后躯

(5)修剪耳朵　从耳朵两侧的外耳根向耳尖修剪成直线。修剪耳边缘的小绒毛时，手指轻轻按住耳廓，用剪刀剪去耳朵周围所有绒毛，防止剪到耳朵(图 2-4-13)。

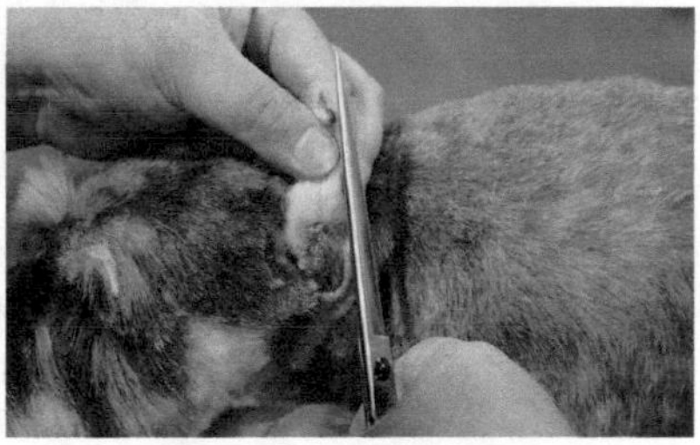

图 2-4-13　修剪耳朵

环节五：牙剪修剪

【知识学习】

工具相关知识见单元一“宠物基础护理”。

【技能训练】

1. 所需用品

牙剪、美容师梳。

2. 内容及步骤

图 2-4-14　修剪头部

(1)修剪头部　将电剪修剪后的头部毛发修剪整齐，从鼻梁中间向内眼角两侧修剪斜线；将额段中心向头顶部修剪伏贴；将牙剪插入两眉心之间，剪掉杂毛，使眉心一分为二；将眉毛向前梳直，稍修饰，使眉形更加整齐、美观(图 2-4-14)。

(2)修剪眉毛　掀起眉毛剪掉睫毛(根据宠物主人要求)，将眉打薄；把剪刀卡在两眼角处剪掉挡住眼睛的杂毛，将眉毛与胡子分开；从前方将眉毛修剪成月牙形(图 2-4-15)。具体修剪方法如图 2-4-16 所示，修剪眼睛之间的毛发以形成分

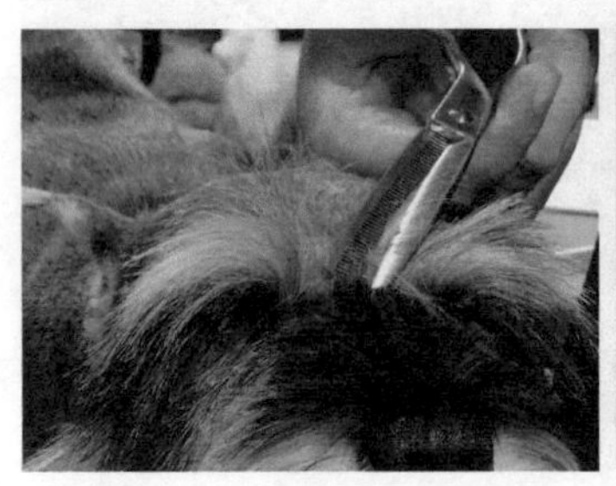

图 2-4-15　修剪眉毛

隔，要剪得干净、紧密，界限突出(A)。将眉毛向前梳，以鼻子为中心形成一条平行线，用剪刀向前剪(B)。分别在外眼角处，剪尖对准鼻子中心交叉处剪，两侧修剪处相交，形成一个倒立的“V”形，眉毛要与周围的短毛相融合(C、D)。

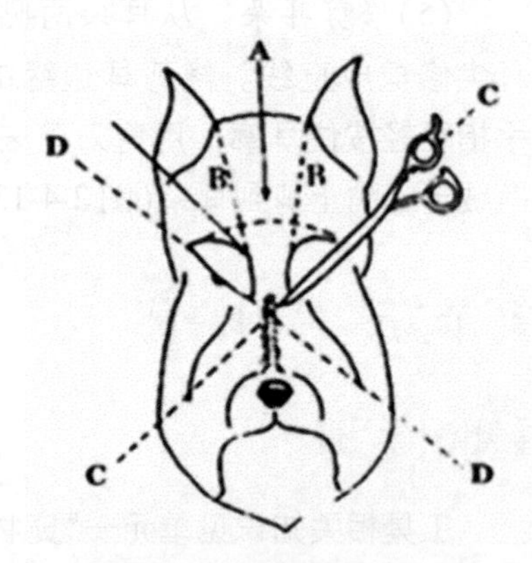

图 2-4-16　眉毛修剪方法

(3)修剪颈部　将耳根下方电剪所剃位置用牙剪修剪整齐(图 2-4-17)。

(4)修剪尾部　将坐骨下、 尾部后方电剪

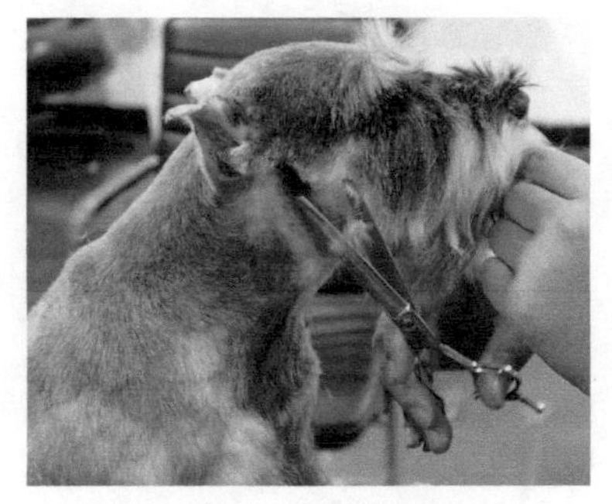

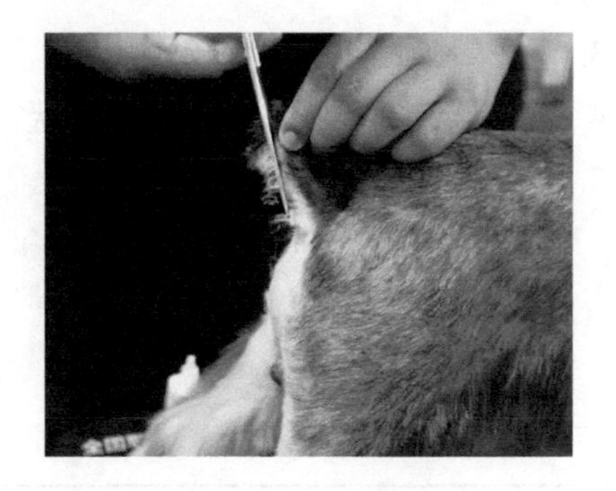

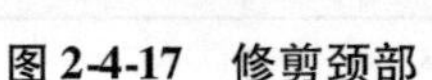

图 2-4-17　修剪颈部　　**图 2-4-18　修剪尾部**

修剪过的地方用牙剪修剪伏贴(图 2-4-18)。

(5)修剪胡子　顺着胡子的长势梳理整齐，将鼻梁上的胡子杂毛剪掉，修剪至呈略圆形。脸颊两侧的胡子，用牙剪靠近脸颊修剪；下巴胡子，根据脸的长度，将过长的胡子剪掉，胡子从侧面看与整个脸呈大小协调一致的矩形(图 2-4-19)。

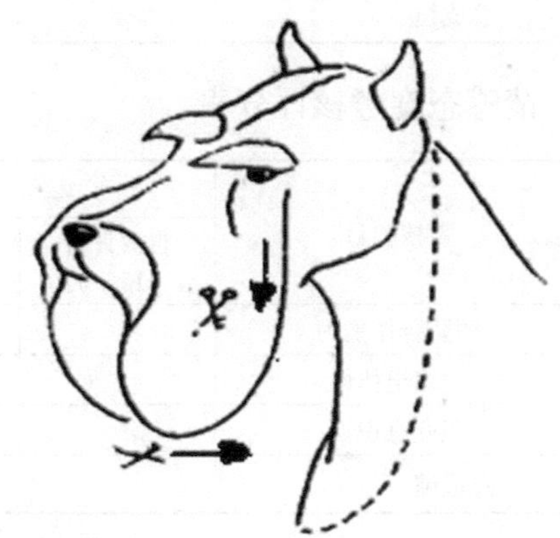

图 2-4-19　修剪胡子

(6)整体造型　整体造型要表现出机警、勇敢、活力、友好、聪明、可爱、热情的特点。

3. 注意事项

修剪耳朵时要用手指捏住耳朵，防止剪到耳朵的肉。

思考与讨论

1. 雪纳瑞犬的身长与身高比例是多少？头部呈什么形状？
2. 雪纳瑞犬造型修剪分为哪些步骤？

3. 画出雪纳瑞犬电剪修剪部位图。
4. 雪纳瑞犬的前腿修剪成什么形状?
5. 雪纳瑞犬的造型修剪顺序是什么?

考核评价

一、技能考核评分表

序号	考核项目	测评人			综合成绩
		自我评价（15%）	小组互评（25%）	教师评价（60%）	
1	犬的控制及对犬的态度				
2	基础美容				
3	造型修剪				
总成绩					

二、情感态度考核评分表

序号	考核项目	测评人			综合成绩
		自我评价（15%）	小组互评（25%）	教师评价（60%）	
1	团队合作能力				
2	组织纪律性				
3	职业意识性				
总成绩					

三、考核内容及评分标准

考核内容	考核项目	评分标准	分值（分）
技能	犬的控制及对犬的态度	抱持犬姿势、固定犬姿势正确，与犬及主人的交流顺畅	10
		抱持犬姿势、固定犬姿势有2处错误，与犬及主人的交流不顺畅	6
		抱持犬姿势、固定犬姿势有3处错误，与犬及主人没有交流	0
	基础美容	基础美容操作正确，在规定的时间完成，符合雪纳瑞犬造型修剪要求	30
		基础美容操作不流畅，比规定的时间晚15min，基本符合雪纳瑞犬造型修剪要求	18
		基础美容操作不流畅，比规定的时间晚30min，不符合雪纳瑞犬造型修剪要求	0

（续）

考核内容	考核项目	评分标准	分值（分）
技能	造型修剪	美容梳、剪刀、电剪的使用方法正确，刀头选择正确，电剪修剪位置正确，修剪平整	40
		美容梳、剪刀、电剪有 1 种使用方法错误，修剪界限基本明显，电剪修剪处有 60% 修剪平整，四肢脚型修剪基本符合要求	24
		美容梳、剪刀、电剪有 2 种使用方法错误，修剪界限不明显，电剪有 30% 修剪平整，四肢脚型修剪不符合要求	0
情感态度	团队合作能力	积极参加小组活动，团队合作意识强，组织协调能力强	10
		能够参与小组课堂活动，具有团队合作意识	6
		在教师和同学的帮助下能够参与小组活动，主动性差	0
	组织纪律性	严格遵守课堂纪律，无迟到或早退，不打闹，学习态度端正	10
		遵守课堂纪律，有迟到或早退现象，有时做与课程无关的事情，学习态度较好	6
		不遵守课堂纪律，迟到或早退，做与课程无关的事情，且不听教师劝阻，态度差	0
	职业意识性	有较强的安全意识、节约意识、爱护动物的意识	10
		安全意识较差，固定姿势有 3 处错误，节约意识不强	6
		安全意识较差，固定姿势有 5 处错误，节约意识差	0

任务五　贵宾犬造型设计及修剪

【任务描述】

客户白色的标准贵宾犬距离上次造型修剪已经 4 个月了，客户觉得现在的样子不美观了，要求按照贵宾犬运动型（拉姆装）的造型修剪要求，完成造型修剪。

【任务目标】

1. 熟悉贵宾犬多种造型修剪的要求，掌握运动型（拉姆装）的造型修剪要求。

2. 掌握贵宾犬运动型造型修剪操作步骤，基本掌握贵宾犬运动型（拉姆装）造型修剪方法。

3. 掌握电剪的使用方法。

4. 掌握剪刀的使用方法。

【任务流程】

基础护理—共同部位修剪—电剪修剪—手剪修剪

环节一：基础护理

【知识学习】

一、品种标准

1. 贵宾犬产地、历史

贵宾犬起源于德国，在德国它以“Pudel”或“水中狩猎的犬”而著称。然而许多年以来，它一直被认为是法国国犬，在法国通常被用作狩猎犬和马戏杂技表演犬。在法国它被称作“Caniche”，起源于法语“Chien canard”或为鸭犬。毫无疑问，英语的“poodle”来源于德语的“Pudel”或“Pudelin”，意指涉水。“法国贵宾犬”这种表达方式可能是后来的一个绰号，是它在法国极受青睐而被授予的称号。

无论怎样，贵宾犬毫无疑问是起源于水中狩猎犬。事实上，没有修剪过的贵宾犬在外形上很像19世纪初瑞格勒(Reingle)所画的古老的粗毛英国水犬。爱尔兰水犬除了脸上和尾巴上天生的短毛外，它和贵宾犬在外形上差别很小。

尽管有人说标准型贵宾犬要比其他类型的贵宾犬年代久远，但有一些证据表明，小型贵宾犬仅在培育后经过一段时间的发育便呈现出了它今天所被承认的大体外形。迷你型或者玩赏型贵宾犬在英国18世纪就已著名。这是一种袖珍犬，产于西部的东印度群岛。从德国先传到西班牙，后来又到英国。英国女王安妮对巡回演出的杂技表演犬表示赞赏，这些犬几乎以人的方式随音乐而起舞。各种类型贵宾犬的这种本能许多年来一直未变。

然而，在贵宾犬到英国之前很久，欧洲大陆就已知道贵宾犬。德国画家阿尔布瑞特·德弗的画证明15～16世纪这个品种就存在。在西班牙，贵宾犬为人们所熟知到底有多少年还不清楚，但是正如西班牙画家高亚所展示的那样，贵宾犬是18世纪晚期一种主要的宠物犬。在同时代，法国路易十六统治时期，人们把玩具型贵宾犬作为宠物。

今天的纯种贵宾犬很少具有过去图画和文献中记载的那些特点。在地中海沿岸发现的始于1世纪的浮雕图片描绘的贵宾犬非常像20世纪的贵宾犬，它修剪得像一头狮子，像最早的犬展示赛上出现的一些犬。可能在很久以前，来自马里他岛的犬(现在被称作马耳他)和玩赏型贵宾犬有关联，如果它们不是来源于共同的祖先，至少它们的祖先在进化的道路上在遥远的时代曾杂交过。

值得注意的是，对于标准型、迷你型、玩赏型的贵宾犬来说，各项指标的标准都是一样的，除了高度。

2. 贵宾犬AKC品种标准

(1)整体外貌　贵宾犬是很活跃、机警而且行动优雅的犬种，拥有很好的身体比例和矫健的动作，显示出一种自信的姿态。经过传统方式修剪和仔细的梳理后，贵宾犬会显示出与生俱来的独特而又高贵的气质。

(2)尺寸、比例、体型　标准型肩高超过38cm，任何一种标准型贵宾犬肩高等于或小于38cm都会被淘汰出竞赛。迷你型肩高等于或小于38cm，高于25cm，任何一种迷你型的贵宾犬超过38cm或小于等于25cm都会被淘汰出竞赛。玩赏型贵宾犬肩高等于或小于25cm，任何一种玩具型贵宾犬超过25cm都会被淘汰出竞赛。

体态匀称，令人满意的外形比例应该是从胸骨到尾部的点的长度近似于肩部最高点到地面的高度。前腿及后腿的骨骼和肌肉都应符合犬的全身比例。

(3)头部

眼睛：非常黑，形状为椭圆形，眼神机灵，成为聪慧表情的重点。眼睛圆、突出，大或太浅是主要缺陷。

耳朵：下垂的耳朵紧贴头部，耳根位置在或者低于眼睛的水平线，耳廓很长、很宽，表面上有浓密的毛覆盖。但是，耳朵的毛不能过分的长。

头骨：小而圆，有轻微突出。鼻梁、颊骨和肌肉平滑，从枕骨到鼻梁的长度等于口鼻的长度。

口鼻：长、直且纤细，唇部不下垂。眼部下方稍凹陷。下颌大小适中，轮廓明显，不尖细。主要缺陷是下颌不明显。

牙齿：白而坚固，呈剪状咬合。主要缺陷是下颌突出或上颌突出，齿型不整齐。

(4)颈部、背线、躯干

颈部：比例匀称，结实、修长。足以支撑头部，显出其高贵、尊严的品质。咽喉部的皮毛很软，脖子的毛很浓。由平滑的肌肉连接头部与肩部。主要缺陷是颈部细长而凹陷。

背线：水平，从肩胛骨的最高点到尾巴的根部既不倾斜，也不呈拱形。只有在肩后有一个微小的凹下。

躯干：胸部宽阔舒展。肋骨富有弹性。腰短而宽，结实、健壮，肌肉匀称。

(5)前躯　强壮，肩部的肌肉平滑、结实。肩胛骨闭合完全，长度近似于前腿上部。主要缺陷是肩部不平、突出。前肢直，从正面看是平行的。从侧面看，前肢位于肩的正下方。脚踝结实，狼趾可能会被剪掉。

(6)后躯　与前半身平衡。后肢直，从后面看是平行的。肌肉宽厚。后膝关节健壮、结实，曲度合适；股骨和胫骨长度相当；跗关节到脚跟距离较短，且垂直于地面。站立时，后脚趾略超出尾部。主要缺陷是母牛式跗关节。

尾巴直，位置高并且向上翘。截尾后的长度足够支持整体的平衡。主要缺陷是位置低。

(7)足　足较小，形状成卵状，脚趾成狐状排列。脚上的肉垫厚、结实。脚趾较短，但可见。脚的方向既不朝里，也不朝外。主要缺陷是软、脚趾分开。

(8)被毛

卷毛：质地自然粗糙，密布全身。

绳索状毛：均匀，紧密下垂呈绳状，长度不一。

鬃毛：躯干、头部和耳朵被毛较长，毛球处被毛短。

(9)颜色　毛色均匀、一致。贵宾犬有青灰色、灰色、银白色、褐色、咖啡色、杏色和奶油色，同一种颜色也会有不同的深浅。通常是耳朵和颈部的毛色深一些。通体同色为上品，但毛色中自然的深浅变化也不视为缺陷。褐色和咖啡色的贵宾犬通常有着肝褐色的鼻子、眼眶、嘴唇，以及深色的脚趾甲和深琥珀色的眼睛。而黑色、青灰色、灰色、银白色、奶油色和白色的贵宾犬通常有黑色的鼻子、眼眶和嘴唇，以及黑色或本色的脚趾甲和深色的眼睛。而杏色的贵宾犬拥有上述这些颜色尚可，如果是肝褐色的鼻子、眼眶、嘴唇和琥珀色的眼睛也可，但已不是上品。主要缺陷是鼻子、嘴唇和眼眶颜色不一致，或这些部分的颜色与犬全身颜色不协调。

(10)步态　向前小跑时，步伐轻快有力，主要依靠后肢发力。头部高昂，尾巴上翘。步态的稳健有力是此项关键。

(11)性情　姿态高傲，非常灵敏、聪慧、自信。贵宾犬拥有非凡的气质和独特的尊严。主要缺陷是害羞或是凶猛。

(12)失格条件

尺寸：不足或超出规定标准。

修剪：任何不符合上述修剪标准的都将被淘汰出竞赛。

颜色：全身毛色并非均匀、一致，而是由两种或两种以上的颜色组成。杂色的犬通常都会被淘汰出竞赛。

二、贵宾犬造型要求

不满12个月的贵宾犬通常被修饰成芭比型，12个月以上的贵宾犬需要修剪成英国马鞍型或欧洲大陆型。在青年组、母犬组及宠物犬可以修剪成运动型。比赛中，贵宾犬修剪成其他任何造型都会被淘汰出竞赛。在所有形态的修剪中，头部的毛发可以留成自然状或用橡皮筋扎起来。只有头部的毛发长度相当时，才能显出流畅完美的外观。“头饰”仅指头骨(即鼻梁至枕骨)这部分的毛发，只有在这个部位，橡皮筋才有用武之地。

1. 芭比型(幼犬型，Puppy Clip)

这种形态的贵宾犬要修剪面部、喉部、脚部和尾巴下部的毛，修剪后的整个脚部清晰可见，尾部被修剪成绒球状。为了使其外形整洁、优雅，保证其流畅的视觉效果，允许适当修剪全身的皮毛(图2-5-1)。

2. 英国马鞍型(English Saddle)

英国马鞍型贵宾犬的面部、喉部、前肢和尾巴底部的毛需要剃除，修剪后，前肢的关节处留有一些毛，尾巴的末梢被修剪成绒球状。后躯除了身体两侧和两条后腿上各留出两片弧形的修饰过的毛外，其余部分全部剪短，修剪后可露出脚部，前肢关节以上的部分也清晰可见。其他部分的皮毛可以不用修剪，但为了保证贵宾犬整体的平衡，可以适当修整(图2-5-2)。

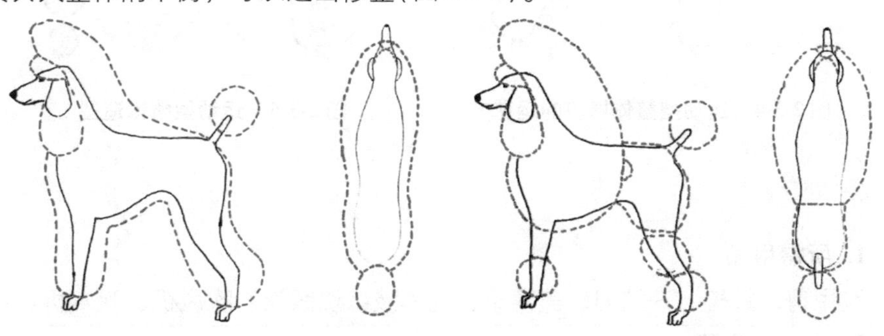

图2-5-1 芭比型(幼犬型)修剪示意图　　**图2-5-2 英国马鞍型修剪示意图**

3. 欧洲大陆型(Continental Clip)

面部、喉部、脚、前腿和尾巴根处的毛发需要剃除。犬的后躯大部分被毛需要剃除，只在臀部被修剪成绒球状。修剪后，整个脚部和前腿关节处以上的部位都露了出来。前腿需要留有“手镯”，后腿需要留有绒球，腿上和足爪其余的毛发全部剃除。身体其他部分的皮毛可以不用修剪，但为保持整体的平衡，可以适当修整(图2-5-3)。

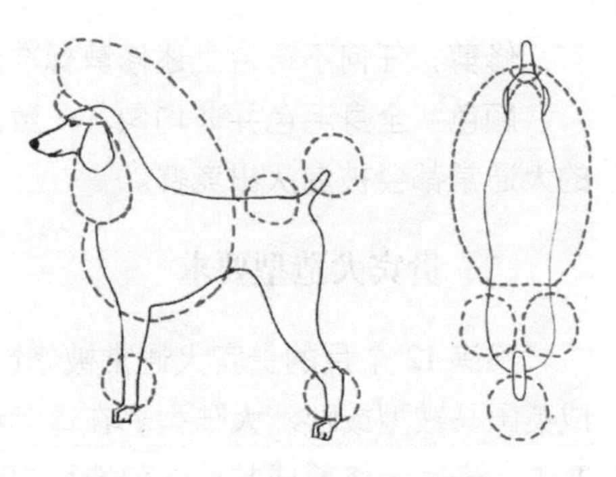

图2-5-3　欧洲大陆型修剪示意图

4. 运动型(Sporting Clip)

运动型贵宾犬的修剪中，面部、脚部、喉部和尾巴底部的毛发需要剃除，只留下一团剪齿状的帽型皮毛，尾巴底部也被修饰成绒球状。为了使整个身体轮廓清晰流畅，躯干的其他部分(包括四肢)的毛应不超过3cm，四肢的毛可以比躯干的毛略长。

三、运动型整体造型要求

贵宾犬整体修剪造型要对称、平衡，体现出身体各部分的比例关系。整体修剪的运剪方法如图2-5-4所示，整体造型图如图2-5-5所示。

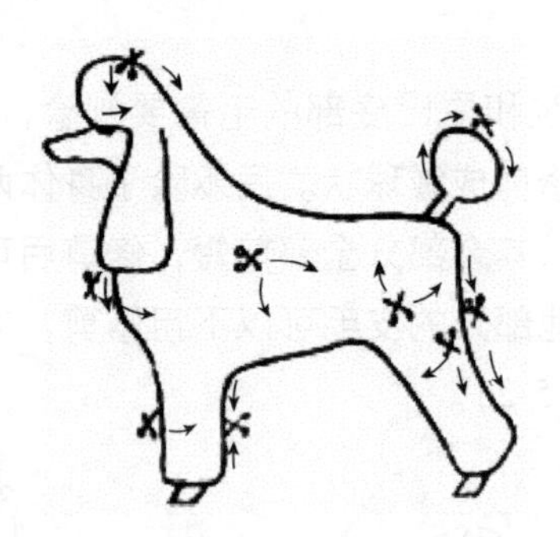

图2-5-4　运动型整体修剪的运剪方法

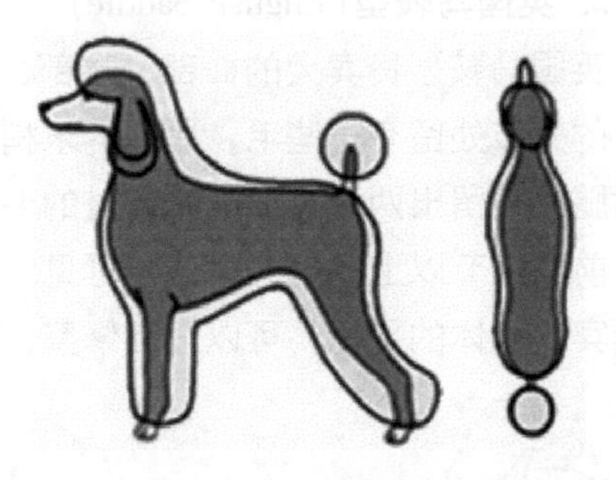

图2-5-5　运动型整体造型

【技能训练】

1. 所需用品

趾甲剪、针梳、开结刀、美容桌、洗耳液、洗眼液、吹风机、吹水机。

2. 内容及步骤

按照卷毛犬基础护理要求完成健康检查、被毛的刷理与梳理、耳朵的清洗、眼睛的清洗、趾甲的修剪、洗澡、吹干拉直等工作，为造型修剪做好基础护理工作。

3. 注意事项

①要做造型修剪的犬，在基础护理中不要使用护毛素，以免毛发松软，不易造型。

②一定要确保毛发拉直，尤其是腋下、耳后和后腿内侧等部位的毛发要拉直。

环节二：共同部位修剪

此操作见单元二任务一“博美犬造型设计及修剪”。

环节三：电剪修剪

【知识学习】

工具相关知识见单元一“宠物基础护理”。

【技能训练】

1. 所需用品

美容师梳、电剪、各种型号刀头(7#、10#、15#)。

2. 内容及步骤

(1)修剪脚部　用15#刀头或小电剪，从趾甲开始，向上剪去脚顶部及两侧的毛，修剪至掌骨(图2-5-6、图2-5-7)。然后把脚掌翻转过来，剪去脚底部脚垫之间和脚垫周围的毛。修剪完后，趾甲和脚掌上都没有任何碎毛，脚垫暴露出来。

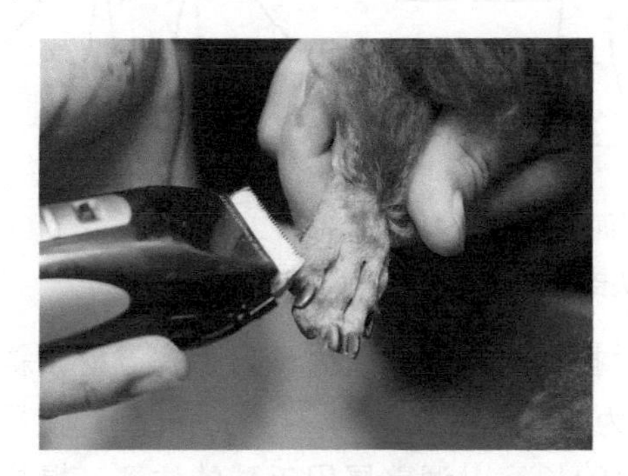

图2-5-6　修剪脚部

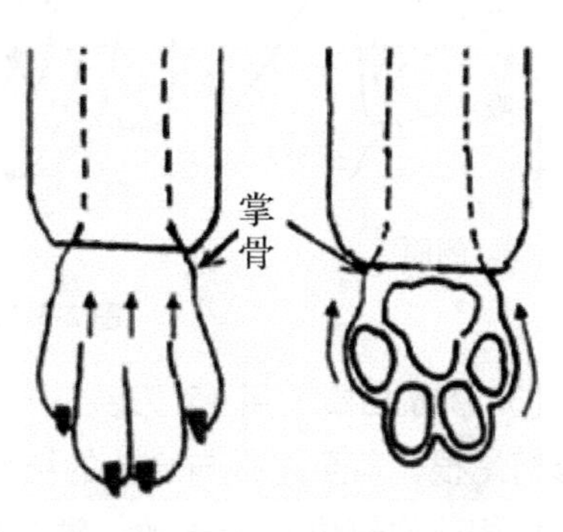

图2-5-7　修剪脚部运剪方法

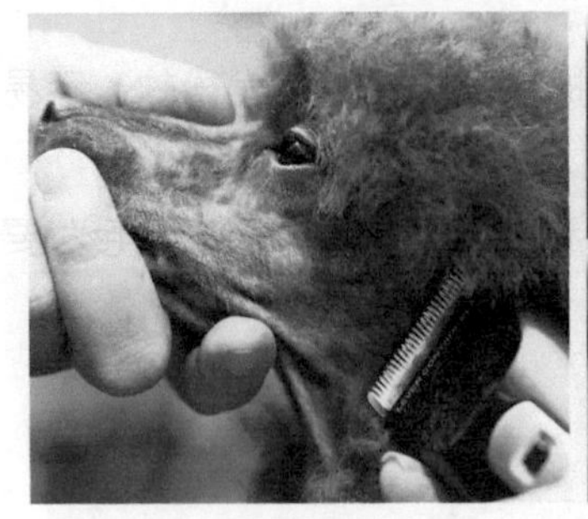
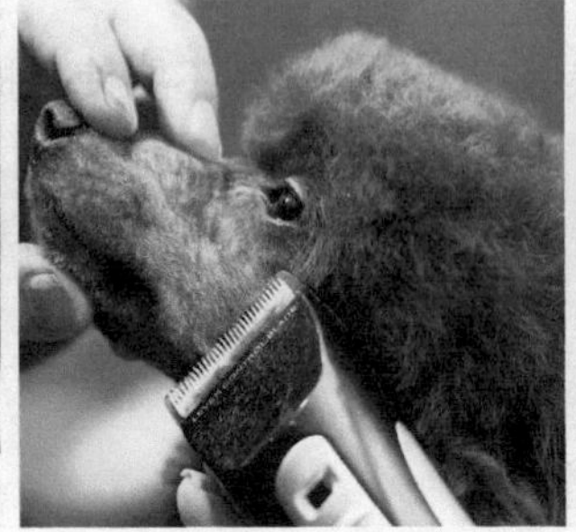
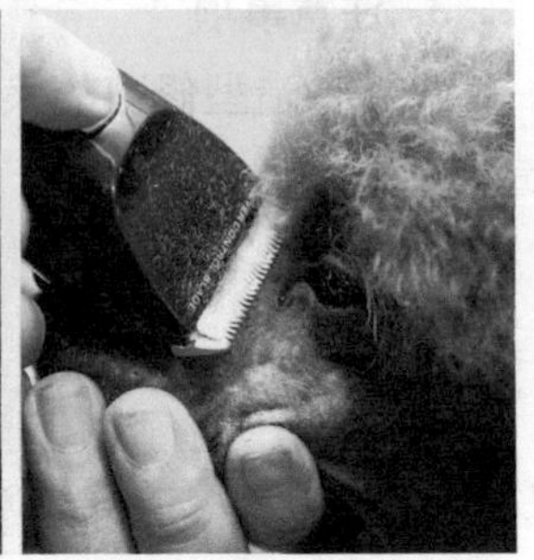

图 2-5-8 修剪面部

(2)修剪面部 用 15#刀头，首先在外眼角至上耳根之间修一条直线，剪去耳朵前部所有的毛发，继续剪去脸颊及脸两侧的毛发(图 2-5-8)。两侧脸部都修剪完后，在两眼之间将电剪刀头向着内眼角的方向剪一个倒“V”形，将鼻梁上的毛和嘴角的胡须剃干净。抬起犬的头，从两侧耳朵的下耳根至喉结下方修剪成“V”形的项链状(图 2-5-9)。头部电剪修剪界线和运剪方法如图 2-5-10 所示。

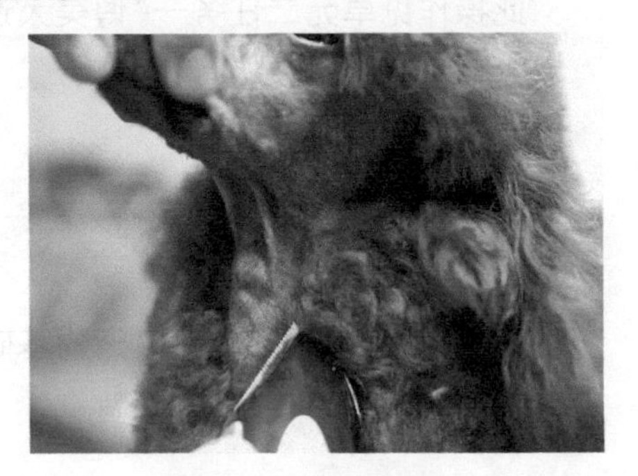

图 2-5-9 修剪颈部

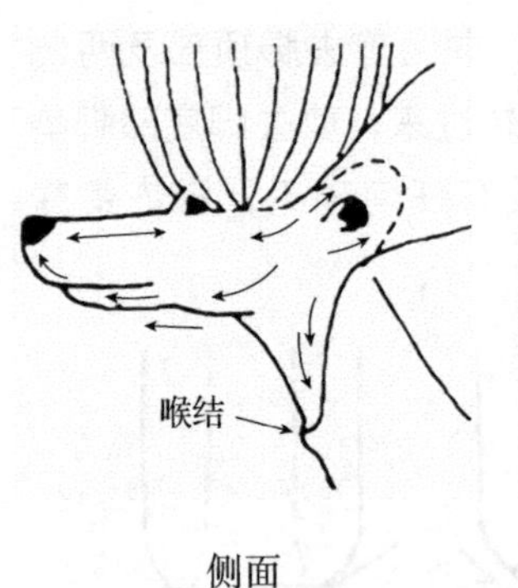

侧面

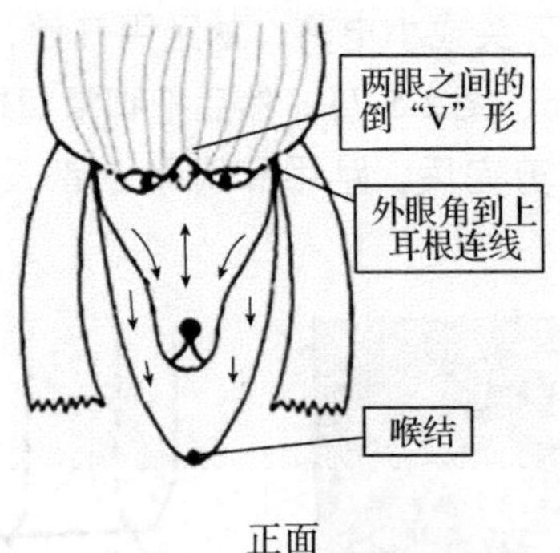

正面

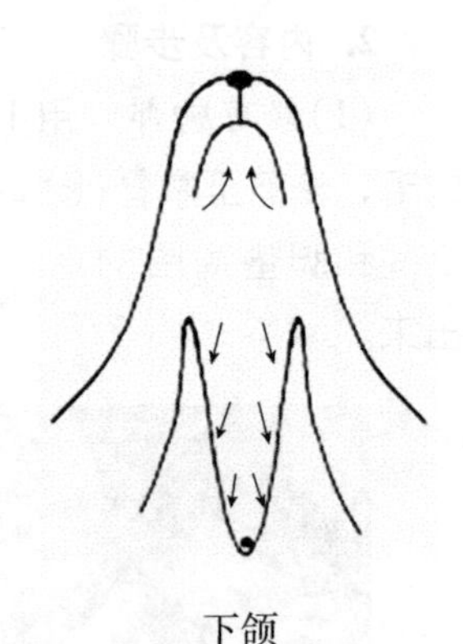

下颌

图 2-5-10 头部修剪示意图

(3)修剪尾巴 用 15#刀头，一只手抓住犬的尾巴，另一只手将电剪倾斜逆毛修剪尾根，剪至尾根与身体的结合点为止。修剪完一侧，再剪另一侧，使尾巴的两侧修剪的部位长短一致，调整修剪的长度以调整尾巴毛球的位置。提起尾巴，把肛门周围的毛剃干净，呈“V”形(图 2-5-11)。

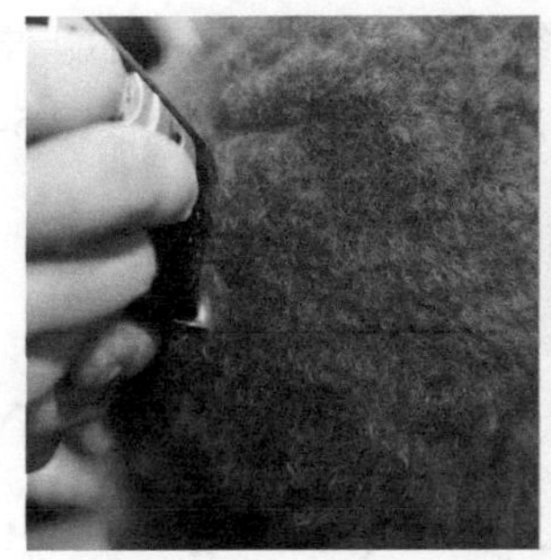
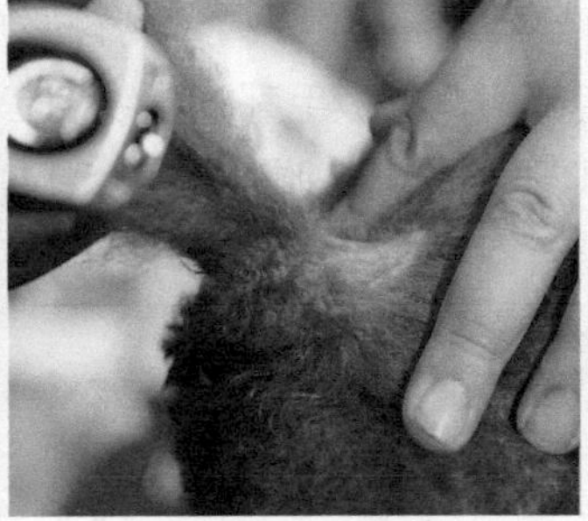

图 2-5-11 修剪尾巴

3. 注意事项

①各部位用电剪剃的时候不要超出范围。

②电剪不要在皮肤上来回反复剃，以免犬皮肤过敏。

环节四：手剪修剪

【知识学习】

工具相关知识见单元一“宠物基础护理”。

【技能训练】

1. 所需用品

直剪、美容师梳。

2. 内容及步骤

(1)修剪股线　以尾根为中心，剪刀倾斜45°进行圆形修剪(图2-5-12)，使接近尾根的臀部被毛形成一个斜面。根据留毛的长度确定斜面大小。

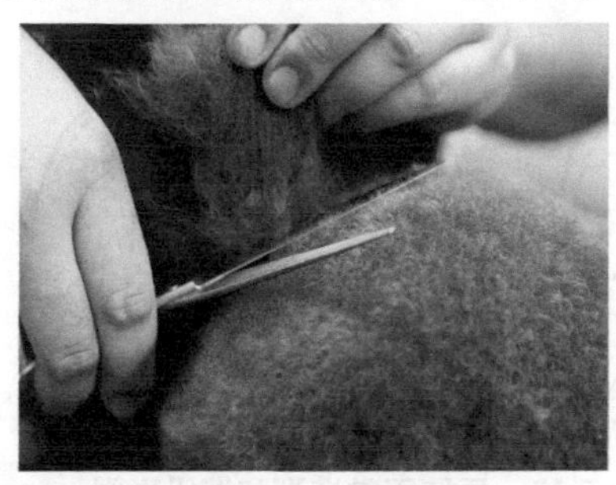

图 2-5-12 修剪股线

图 2-5-13 修剪背部

（2）修剪背部　将直剪与背部平行，从臀部到背部修剪一条背线。从背部延伸到肩部，毛发逐渐增长。背部两侧的被毛都以背线为基准，呈放射状修剪（图 2-5-13）。如果背部不规则，可以通过修剪来弥补（图 2-5-14）。

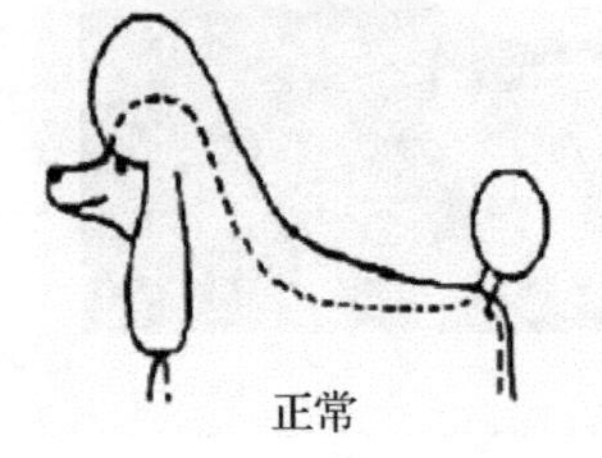

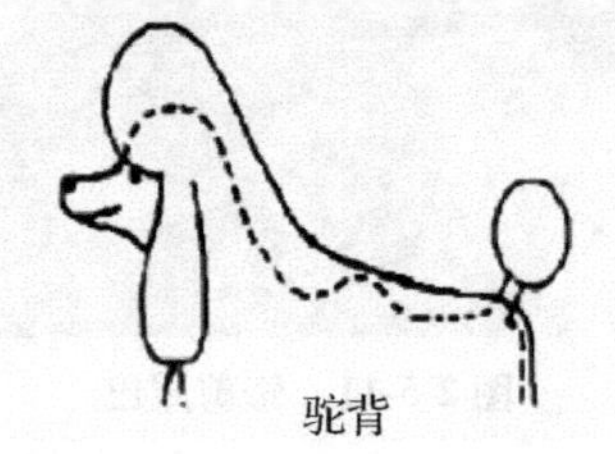

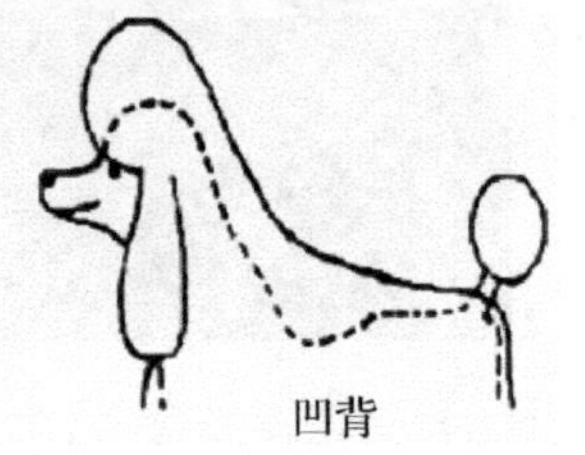

图 2-5-14　背部修剪调整

（3）修剪后肢　沿着背线和股线向下修剪后肢的被毛，将两腿之间的杂毛修剪整齐（图 2-5-15）。后腿应保持适当的弯曲度，在飞节处修剪出 45°转折（图 2-5-16）。腿部要修剪成平滑的曲线，以达到平衡的状态。用梳子将脚踝处的毛垂直向下梳，沿脚踝修剪成一个圆形的袖口。

如果后肢生长异常，则需要进行修正，图 2-5-17 为后肢正常造型和"X"形腿与"O"形腿的矫正方法示意图。

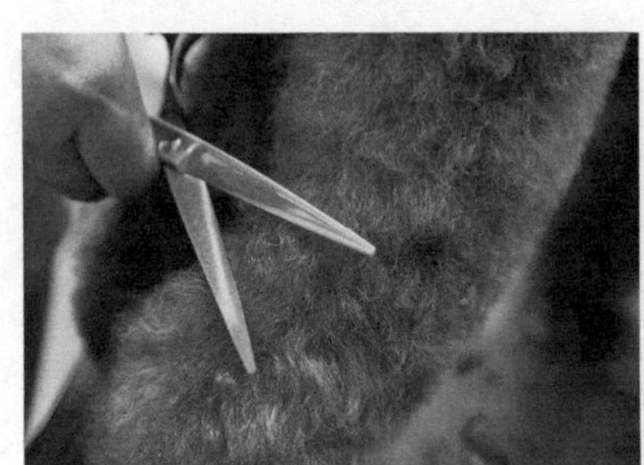
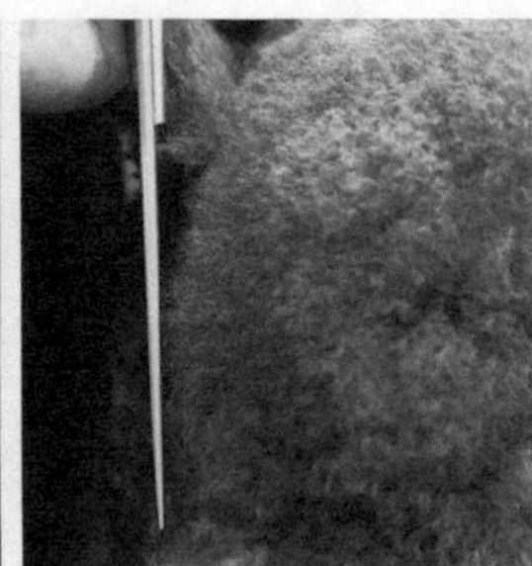
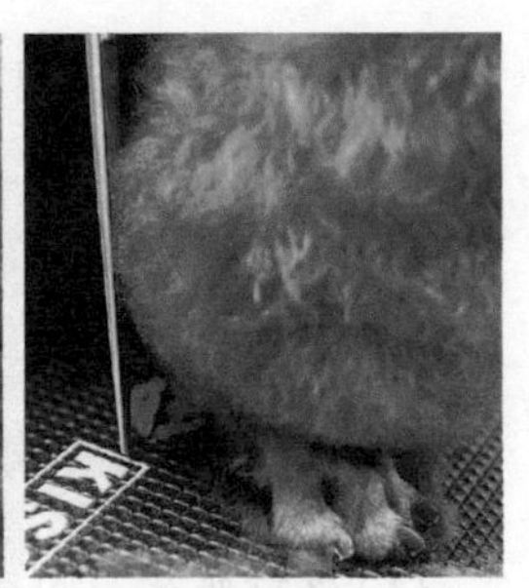

图 2-5-15　修剪后肢

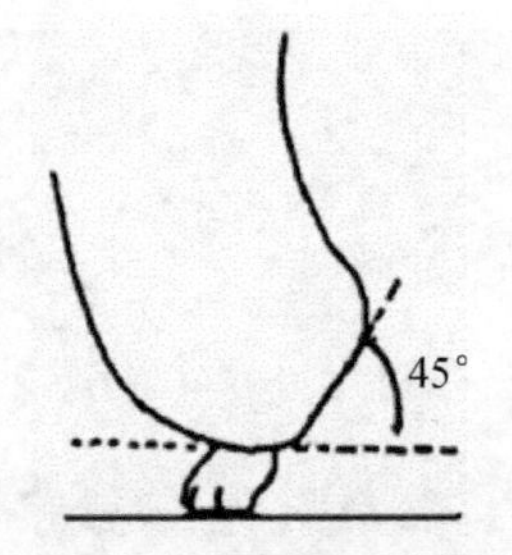

图 2-5-16　后腿飞节修剪方法

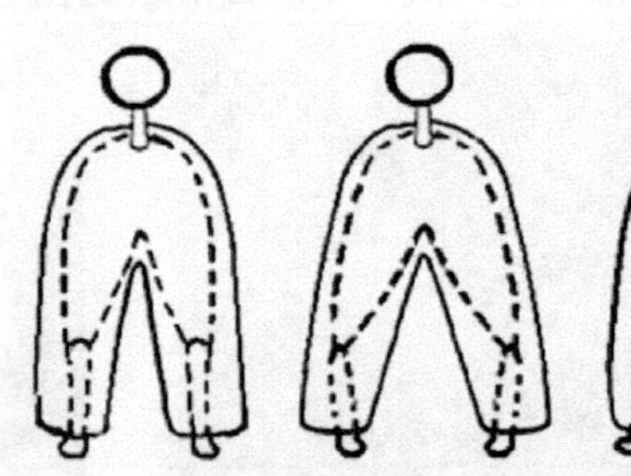

图 2-5-17　后肢正常造型和"X"形腿与"O"形腿的矫正方法示意图

(4)修剪腹线　沿着背线向下、向前，呈放射状修剪腹部，腹线修成后高前低的斜线。

(5)修剪前肢　由背线剪至肩部，再过渡到前肢，将前肢修剪成圆柱形，注意将前肢内侧的毛发修剪干净，与下腹部的毛自然衔接(图 2-5-18)。如果两前肢间距不正常，可以通过修剪来弥补。正常前肢造型、前肢短且间距大的修正以及前肢长且间距小的修正方法如图 2-5-19 所示。

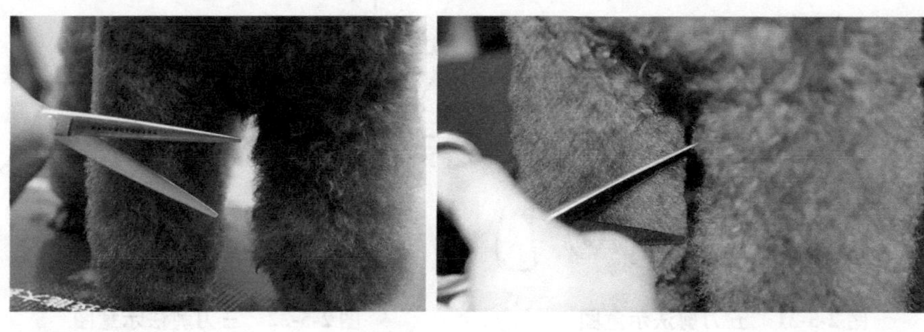

图 2-5-18　修剪前肢

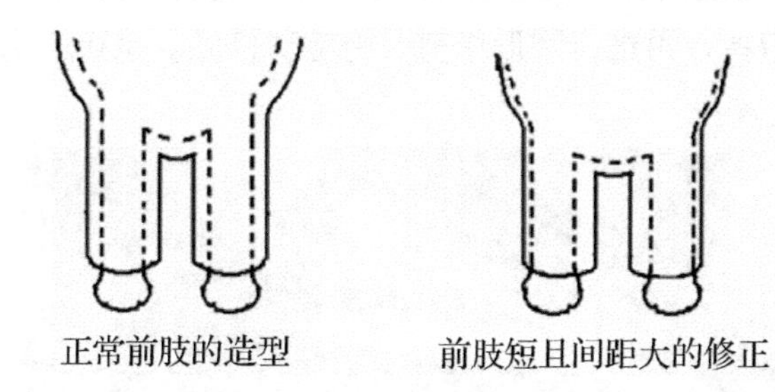

图 2-5-19　修正方法示意图

(6)修剪前胸　以胸骨最高点为中心，呈放射状修剪，使前胸浑圆，显示出贵宾犬挺胸抬头的高贵气质。前胸毛不可留太多，以免使身体过长。颈部的毛与前胸的毛应自然衔接(图 2-5-20)。

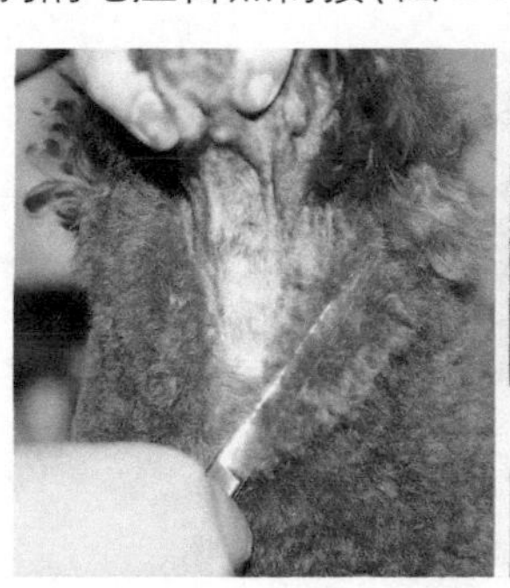
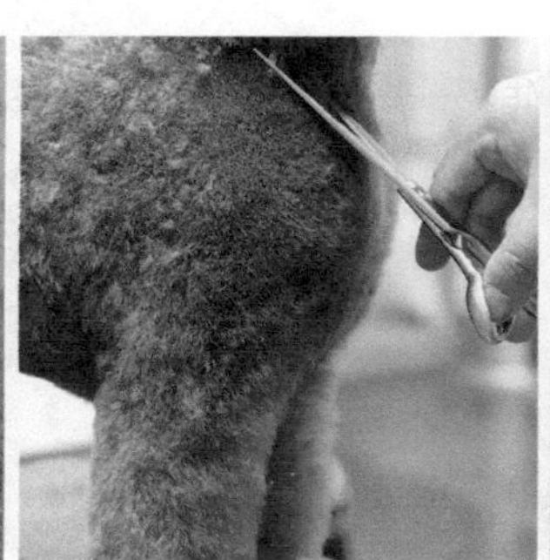
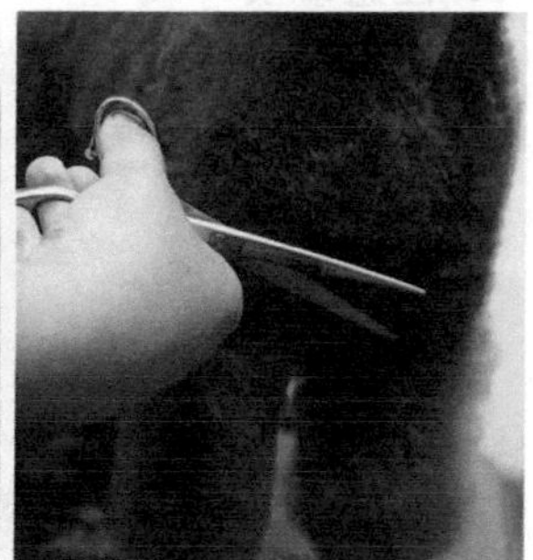

图 2-5-20　修剪前胸

(7)**头饰修剪**　头饰采用圆形修剪，要丰满、有立体感，并与身体自然衔接。将直剪倾斜，修剪两眼上方，剪成远离头一侧毛长、贴近头一侧毛短的斜面。用美容师梳将头部饰毛全部挑起。正面采用五刀剪法(图2-5-21)，剪完后再进行圆形修整。侧面用直剪，在耳朵与头饰交界处剪出一条分界线，再采用三刀剪法(图2-5-22)，剪完进行圆形修整即可。

图2-5-21　五刀剪法示意图　　**图2-5-22　三刀剪法示意图**

(8)**尾巴的修剪**　将尾巴的饰毛旋转拧成绳状，根据尾巴的长度和毛量确定尾巴毛球的大小，用直剪将末端剪掉，再进行圆形修剪，将毛球修圆。也可用弯剪修剪(图2-5-23)。

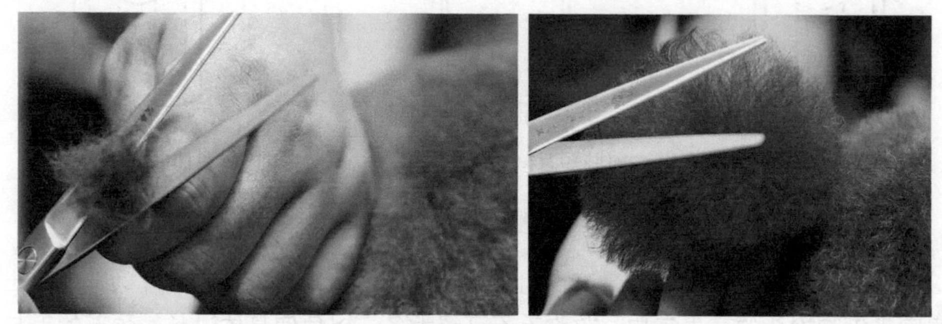

图2-5-23　修剪尾巴

3. 注意事项

如果犬的身体比例不标准，要经过修剪调整比例。

思考与讨论

1. 贵宾犬造型修剪前的基础美容要求是什么?
2. 贵宾犬电剪修剪的3个“V”字的部位是什么?
3. 贵宾犬电剪修剪腿部的要求是什么?

4. 贵宾犬腿部修剪成什么形状？尾巴修剪成什么形状？

5. 如果背部不规则，可以通过修剪来弥补，请图示弥补办法。

考核评价

一、技能考核评分表

序号	考核项目	测评人			综合成绩
		自我评价（15%）	小组互评（25%）	教师评价（60%）	
1	犬的控制及对犬的态度				
2	基础美容				
3	造型修剪				
总成绩					

二、情感态度考核评分表

序号	考核项目	测评人			综合成绩
		自我评价（15%）	小组互评（25%）	教师评价（60%）	
1	团队合作能力				
2	组织纪律性				
3	职业意识性				
总成绩					

三、考核内容及评分标准

考核内容	考核项目	评分标准	分值（分）
技能	犬的控制及对犬的态度	抱持犬姿势、固定犬姿势正确，与犬及主人的交流顺畅	10
		抱持犬姿势、固定犬姿势有 2 处错误，与犬及主人的交流不顺畅	6
		抱持犬姿势、固定犬姿势有 3 处错误，与犬及主人没有交流	0
	基础美容	基础美容操作正确，在规定的时间完成，全身毛发拉直，符合造型修剪要求	30
		基础美容操作不流畅，比规定的时间晚 20min，拉直全身毛发的 60%，其他部位的美容符合要求	18
		基础美容操作不流畅，比规定的时间晚 30min，拉直全身毛发的 20%，其他部位的美容符合要求	0

（续）

考核内容	考核项目	评分标准	分值（分）
技能	造型修剪	各种工具使用方法正确，电剪修剪部位修剪干净，符合要求，3个“V”字修剪清晰，腿部、尾巴和头部修剪正确	40
		所有工具中有1种使用方法错误，电剪修剪部位基本修剪干净，3个“V”字修剪出轮廓，界限不明晰，腿部、尾巴和头部基本修剪出轮廓	24
		所有工具中有2种使用方法错误，电剪修剪部位基本修剪干净，3个“V”字基本修剪出轮廓，界限很不明晰，腿部、尾巴和头部不能修剪出轮廓	0
情感态度	团队合作能力	积极参加小组活动，团队合作意识强，组织协调能力强	10
		能够参与小组课堂活动，具有团队合作意识	6
		在教师和同学的帮助下能够参与小组活动，主动性差	0
	组织纪律性	严格遵守课堂纪律，无迟到或早退，不打闹，学习态度端正	10
		遵守课堂纪律，有迟到或早退现象，有时做与课程无关的事情，学习态度较好	6
		不遵守课堂纪律，迟到或早退，做与课程无关的事情，且不听教师劝阻，态度差	0
	职业意识性	有较强的安全意识、节约意识、爱护动物的意识	10
		安全意识较差，固定姿势有3处错误，节约意识不强	6
		安全意识较差，固定姿势有5处错误，节约意识差	0

任务六　染　色

【任务描述】

在宠物美容专用练习白色毛片上，按照染色的操作程序，染出一朵花和三片叶子。

【任务目标】

1. 掌握染色的操作流程，初步掌握染色技术。
2. 掌握图形的设计方法和配色要求。

【任务流程】

造型设计—配色、染色—冲洗、吹干—定型

环节一：造型设计

【知识学习】

一、染色目的

宠物染色是宠物形象设计的重要内容之一，是采用宠物美容的方法将宠物身体特定部位或全身被毛用染色膏染成设计的造型，达到宠物主人特殊需求和宠物比赛形象设计要求的美容过程。

通过染色、穿衣搭配等方式，可以将宠物打造得与众不同。宠物染色可以让宠物表现出个性化，通常可以使宠物自身存在的缺陷得到弥补和遮掩修饰，达到宠物美容的目的，符合宠物比赛的要求。

二、宠物美容市场现状

目前，宠物染色的样式大多是染耳朵或尾巴，把全身都染色的还不多，最主要的原因是价格比较高。宠物染色的价格与体型大小、染色剂种类和使用量有关，如果仅仅把犬耳朵和尾巴染成红色、头顶带花的样式，大概花费一两百元，但是如果要把松狮染成熊猫，大概需要花费上千元。

三、染色的类别

按照染色技术和材料不同，宠物染色可分为喂食染色和美容染色两类。

1. 喂食染色

喂食染色是指有目的地给宠物长期饲喂色素饲料，永久性地改变宠物被毛和裸露的可视皮肤黏膜颜色的效果。喂食染色有渐进式、永久性、全身性的特点。喂食带有颜色属性的饲料，将会永久性地改变宠物颜色，变色效果属于渐进式，需要长期喂食才能看出染色效果，且染色效果为宠物全身。常用的色素饲料有6种颜色属性，分别是无色、白色、黑色、红色、蓝色和绿色。

色素饲料是为了给宠物增加被毛及可视黏膜颜色的饲料，主要成分是胡萝卜素和叶红素。其作用是宠物采食后，在体内产生红色色素，随着被毛的生长，色素在被毛及可视黏膜组织中集聚潴留而使毛色艳丽。现在已经能够人工合成叶红素和胡萝卜素，人工合成的色素每天饲喂两次或两次以上。在天然的番茄果实中也含有大量的维生素和色素，若宠物愿意吃，可以多喂。在脱毛或换毛期间应反复饲喂色素饲料，使换出来的被毛颜色深而鲜艳。维生素在阳光作用下易分解，所以人工合成的饲料存放时间不能过长，更不能在阳光下暴晒。

2. 美容染色

美容染色是按照宠物形象设计与造型，在宠物美容店由专业美容师根据宠物主人要求和宠物特点，用宠物染色膏给特定的部位或全身染色，从而达到宠物比赛或美观设计要求的技术操作过程，具有即刻性、时间性和分部位染色的特点。美容染色的时效性一般在 30 天、90 天、180 天。

【技能训练】

1. 所需用品

染色专业用毛片、染色样图。

2. 内容及步骤

①毛发梳理：将毛片的毛发用钢丝梳拉直，再用美容师梳一层一层梳通（图 2-6-1）。

②根据染色图样在专用皮毛上分区，确定染色部位，并确定染色方案（图 2-6-2）。

图 2-6-1　梳理毛发

图 2-6-2　确定染色方案

环节二：配色、染色

【知识学习】

一、色彩搭配常识

色彩搭配分为两大类：一类是对比色搭配，另一类则是协调色搭配。其中，对比色搭配分为强烈色配合和补色配合，协调色搭配又可以分为同色系搭配和近色系搭配。

1. 强烈色配合

强烈色配合是指两个相隔较远的颜色配合，如黄色与紫色、红色与青绿色，这种配色比较强烈。日常生活中，常看到的是黑、白、灰与其他颜色的搭配，黑、白、灰为无色系，所以，无论它们与哪种颜色搭配，都不会出现大的问题。一般来说，同一种色与白色搭配时，会显得明亮；与黑色搭配时，就显得昏暗。因此，在进行色彩搭配时应先衡量一下需要突出哪个部分，不要把沉重色彩搭配在一起，如深褐色、深紫色与黑色搭配，它们会和黑色呈现"抢色"的后果，而且整体表现也会显得很沉重、昏暗无色。黑色与黄色是最抢眼的搭配，红色与黑色的搭配显得非常隆重。

2. 补色配合

补色配合是指两个相对的颜色配合，如红与绿、青与橙、黑与白等。补色配合能形成鲜明的对比，有时会收到较好的效果。其中，黑白搭配是永远的经典。

3. 同色系搭配

同色系搭配是指深浅、明暗不同的两种同色系颜色相配，如青配天蓝、墨绿配浅绿、咖啡配米色、深红配浅红等。其中，粉红色系的搭配使宠物看上去更可爱。

4. 近色系搭配

近色系搭配指两个比较接近的颜色相配，如红色与橙红、紫红色，黄色与草绿色、橙黄色。绿色和嫩黄色的搭配给人一种春天的感觉，整体显得非常素雅。纯度低的颜色更容易与其他颜色相互协调，增加和谐亲近之感。

二、色彩搭配的配色原则

1. 色调配色

色调配色是指具有某种相同性质（冷暖调、明度、艳度）的色彩搭配在一起，色相越全越好，最少也要3种色相，如同等明度的红、黄、蓝搭配在一起。大自然的彩虹就是很好的色调配色。

2. 近似配色

近似配色是指选择相邻或相近的色相进行搭配。这种配色因为含有三原色中的某一共同的颜色，所以很协调。因为色相接近，所以也比较稳定。如果是单一色相的浓淡搭配，则称为同色系配色。出彩搭配如紫配绿、紫配橙、绿配橙。

3. 渐进配色

渐进配色是指按色相、明度、艳度三要素之一的程度高低依次排列颜色。其特点是：即使色调沉稳，也很醒目，尤其是色相和明度的渐进配色。彩虹既是色调配色，也属于渐进配色。

4. 对比配色

对比配色是指用色相、明度或艳度的反差进行搭配，有鲜明的强弱对比。其中，明度的对比给人明快清晰的印象。可以说，只要有明度上的对比，配色就不会太失败，如红配绿、黄配紫、蓝配橙。

5. 单重点配色

单重点配色是指让两种颜色形成面积的大反差。“万绿从中一点红”就是一种单重点配色。其实，单重点配色也是一种对比配色，相当于一种颜色作底色，另一种颜色作图形。

6. 分隔式配色

如果两种颜色比较接近，看上去互不分明，可以将对比色加在这两种颜色之间增加强度，整体效果就会很协调。最简单的加入色是无色系的颜色以及米色等中等色。

7. 夜配色

夜配色明度高或鲜亮。严格来讲，这不算是真正的配色技巧，但很实用。

三、色彩搭配的规律

色彩搭配既是一项技术性工作，同时也是一项艺术性很强的工作，因此，设计者在设计时除了考虑宠物本身的特点外，还要遵循一定的规律。

1. 特色鲜明

宠物染色的用色必须要有独特的风格，这样才能显得个性鲜明，给人留下深刻的印象。

2. 搭配合理

颜色搭配要考虑宠物主人的需求，色彩搭配一定要合理，给人一种和谐、愉快的感觉，避免采用纯度很高的单一色彩，这样容易造成视觉疲劳。

3. 讲究艺术性

宠物形象设计也是一种艺术活动，因此，必须遵循艺术规律，在考虑到宠物本身特点的同时大胆进行艺术创想，设计出既符合宠物主人要求，又有一定艺术特色的宠物形象。

四、色彩搭配要注意的问题

1. 使用单色

在设计上要避免采用单一色彩，以免产生单调的感觉。通过调整色彩的明暗变化可以使色彩产生变化，但应避免整体色彩单调。

2. 使用邻近色

所谓邻近色，就是在色带上相邻的颜色，如绿色和蓝色、红色和黄色互为邻近色。采用邻近色设计可以避免色彩杂乱，易于达到整体的和谐统一。

3. 使用对比色

使用对比色可以突出重点，产生强烈的视觉效果。通过合理使用对比色能够使宠物特点鲜明。在设计时一般以一种颜色为主色调，对比色作为点缀，可以起到画龙点睛的作用。

4. 黑色的使用

黑色是一种特殊的颜色，如果使用恰当、设计合理，往往产生很强烈的艺术效果。黑色一般用来作背景色，与其他纯度色搭配使用。

5. 色彩的数量

一般初学者在设计宠物染色的形象时往往使用多种颜色，使宠物变得很“花”，缺乏统一和协调，缺少内在的美感。事实上，宠物染色时的用色并不是越多越好，一般控制在 3 种颜色以内，通过调整色彩的各种属性来达到较好的效果。

五、用品介绍

染色膏

市场上销售的宠物染色膏种类繁多，美国、欧盟、日本和韩国的宠物美容技术都比较领先，从这些国家进口的染色膏安全性较高，集染色、护毛、营养和除臭多种功能为一体，也有单一染色功能的染色膏。

宠物染色要选用酸性的专用染色膏，其染色原理是：利用离子结合原理，染色膏通过被毛表面以及表层的缝隙渗入到内部后产生颜色，无需通过碱性溶剂的膨胀方法以及脱色方法，因此，对被毛无太大伤害。除染色功能外，还能形成一层能修复被毛损伤的阳离子皮膜，由于这层皮膜覆盖了被毛表层，因此，具有调整毛发状态的作用，可增加被毛的光泽，使被毛变得柔滑。

【技能训练】

1. 所需用品

染色膏(有多种颜色可供选择)、染色刷、锡箔纸、保鲜膜、调色盘(碗)、美容师梳、钢丝梳、分界梳、塑料手套、发夹、皮筋。

2. 内容及步骤

①准备工具：确定需要的染膏颜色及数量，将染色所需的用品按顺序摆放好(图 2-6-3、图 2-6-4)。

图 2-6-3　按顺序摆放染色用品

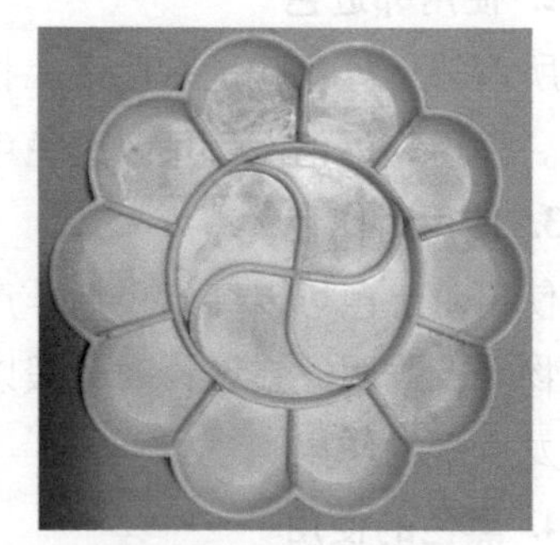

图 2-6-4　调色盘(碗)

②调色：染色时一般从中间开始，然后向四周染色。根据构图，确定染色顺序，花朵在中间，所以先染出花朵。将花朵需要的颜色挤入调色盘，然后调出所需颜色(图 2-6-5 至图 2-6-7)。

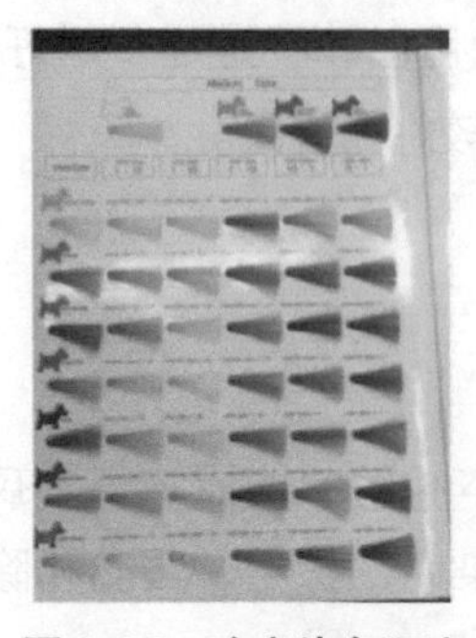

图 2-6-5　确定染色顺序

图 2-6-6　将染色膏挤入调色盘

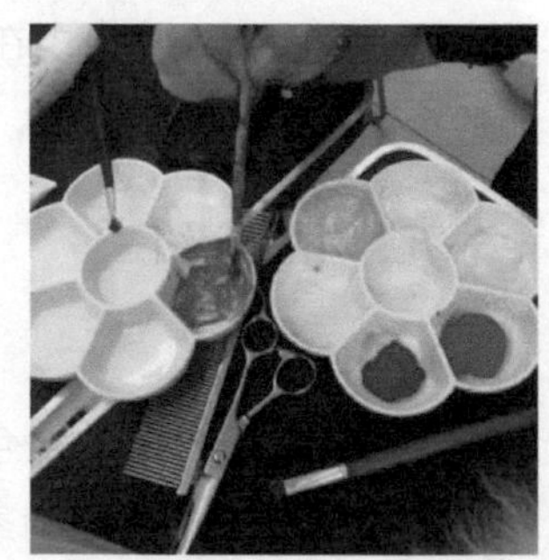

图 2-6-7　调　色

③准备隔离材料：准备好塑料袋或锡箔纸，锡箔纸根据要包住染色后毛发的多少裁剪好(图2-6-8)。

④确定染色部位：用分界梳把要染色的毛与四周分开，用夹子夹住不染色的毛，以免染色时被误染上(图2-6-9)。

⑤染色：先染靠近美容师一侧的毛发，用染色刷将调好后的染料均匀地涂抹到毛发上。要从毛根处开始染，毛根处要均匀(图2-6-10)；然后把毛发放在锡箔纸上，对整簇毛发进行染色(图2-6-11)；染完一簇毛发后用锡箔纸将所有毛发都包紧(图2-6-12)。根据预先设计，按照同样的方法，一点点往外染，直至整个造型需要染色的毛发都染完为止(图2-6-13)。

图2-6-8 准备隔离材料

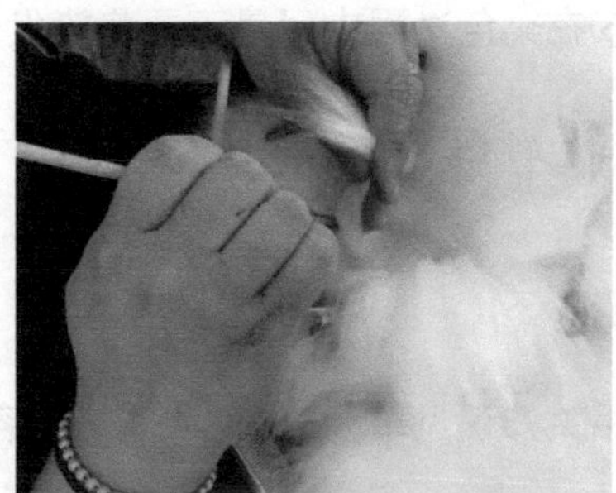

图2-6-9 确定染色部位

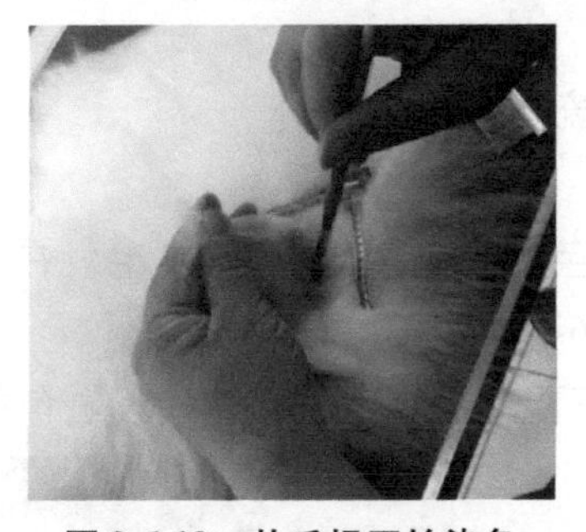

图2-6-10 从毛根开始染色

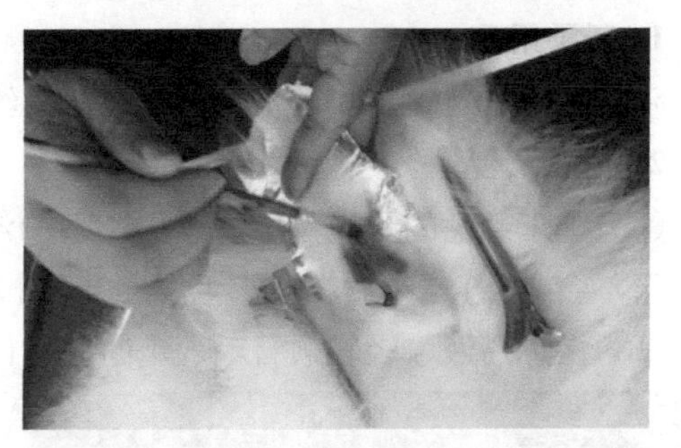

图2-6-11 把整簇毛发放在锡箔纸上进行染色

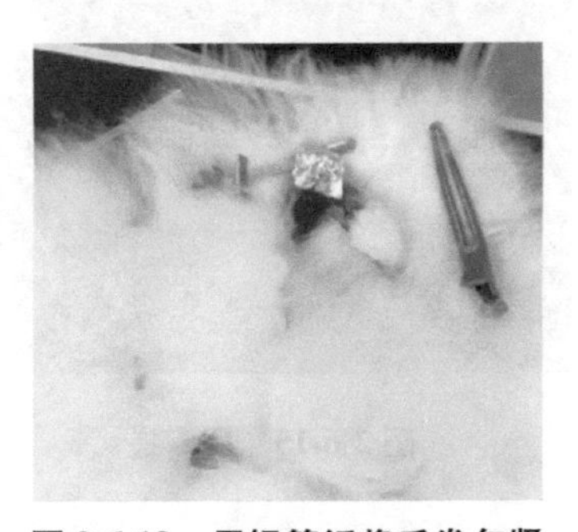

图2-6-12 用锡箔纸将毛发包紧

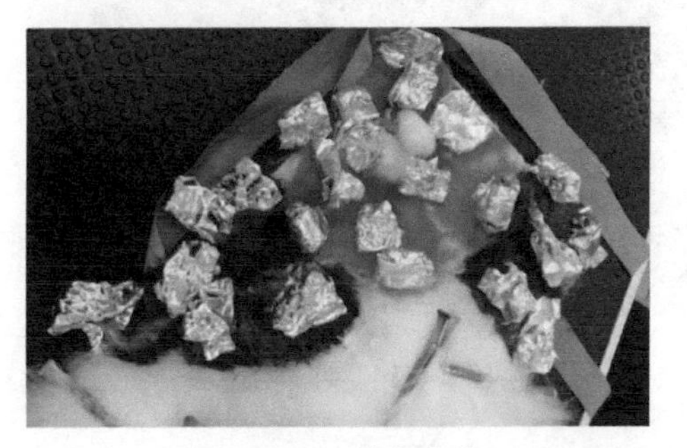

图2-6-13 染色完毕

⑥所有需要染色的毛发都染完后，等待20～30min，确保染色剂充分渗入毛发中，再进行冲洗。

3. 注意事项

①染色的宠物毛发最好是白色的。

②如果要给宠物进行全身染色，一般按背部—四肢—尾巴—头部的顺序进行，以防止先染头部后，宠物不老实，耳朵乱动，将染料染到身体其他部位。

③在染全身时，为避免出现色差，最好将所需染发膏的数量一次性准备出来，或将耳朵和尾巴染成不同的颜色。

④有皮肤病或外伤的宠物不能进行染色。

⑤在染色过程中尽量不要将染发膏染在宠物皮肤上。

环节三：冲洗、吹干

【知识学习】

相关知识见单元一“宠物基础美容”中的“洗澡”和“吹干”。

【技能训练】

1. 所需用品

浴液、吸水毛巾、吹水机、吹风机、钢丝梳。

2. 内容及步骤

①先把未染色的区域冲湿，以免冲下的浮色把未染色区域染上(毛发在湿的情况下不会着色)，然后将整块毛发冲湿(图2-6-14)。

②打上沐浴液，轻轻顺着毛的走向揉搓(不要乱揉搓毛发)，将没着色的染

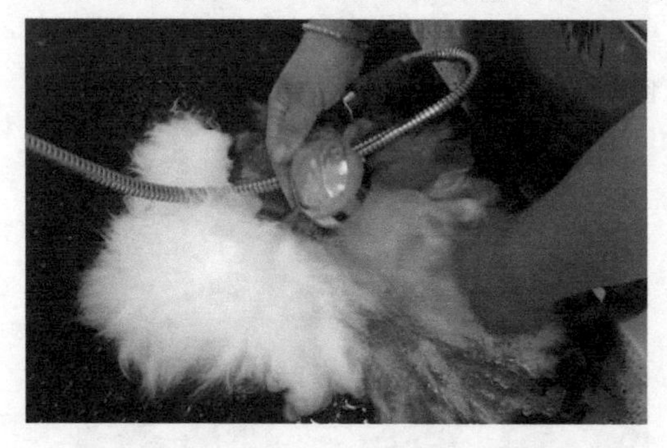

图2-6-14 冲 湿

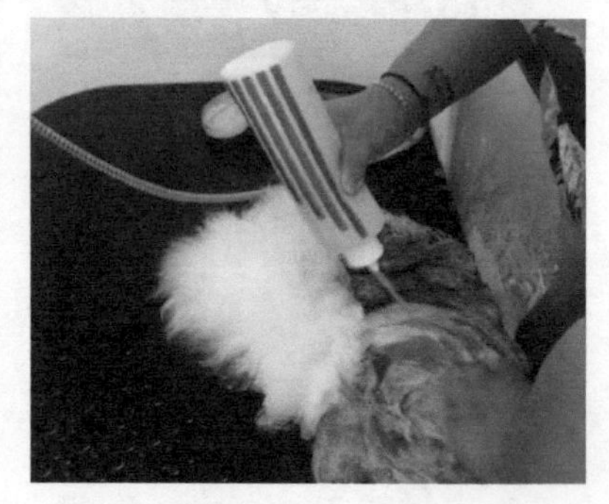

图2-6-15 揉 搓

料洗掉(图2-6-15)，然后冲洗。冲洗时，要顺着一个方向赶走泡沫，不乱揉搓，以免毛发打结。冲洗出的泡沫变白即表明冲洗干净(图2-6-16)。

③冲洗干净后，用吸水毛巾将毛发中的水吸干(图2-6-17)。

④先用吹水机顺着一个方向将毛发上的水基本吹干(图2-6-18)。再用吹风机将毛发彻底吹干，边吹边用钢丝梳拉直毛发。拉毛方法与卷毛犬的毛发拉直相同(图2-6-19)。

图2-6-16 冲 洗

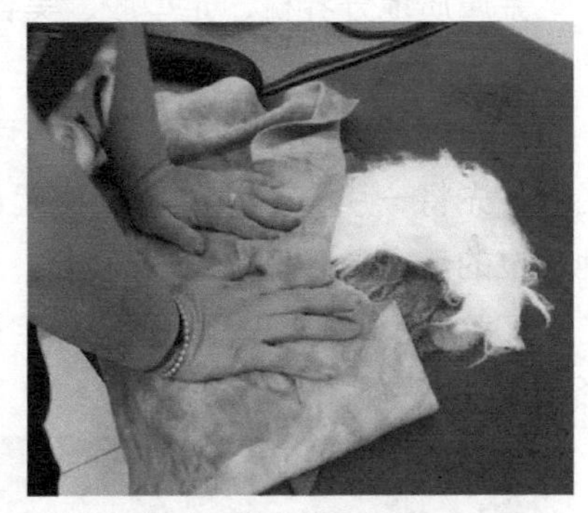

图2-6-17 吸 干

图2-6-18 用吹水机吹水

图2-6-19 用吹风机吹干

3. 注意事项

①染色后要静置半个小时后才能冲洗。

②冲洗时一定要将未染色区域先淋湿。

③染色的部位不要用白毛专用沐浴液，以免染过的毛发颜色变浅、变旧。

④洗毛发时水温不可太高，应比洗澡时低点，防止毛发褪色。

环节四：定型

【技能训练】

1. 所需用品

金属质地分界梳、定型胶、美容剪、纸巾。

2. 内容及步骤

①根据染色样图要求，将染色后的毛发按区域区分开花蕊和花瓣。确定好分区后，先将一片“花瓣”的毛发挑起(图2-6-20)，用纸巾将要定型的“花瓣”与其他部位的毛发隔开(图2-6-21)。

②给“花瓣”喷胶定型：向要定型的花瓣上喷定型胶，然后按照花瓣的自然形状做成造型(图2-6-22)。

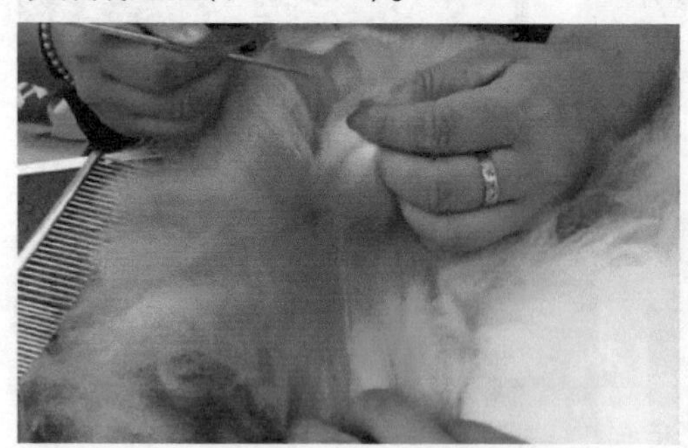

图2-6-20 挑起毛发

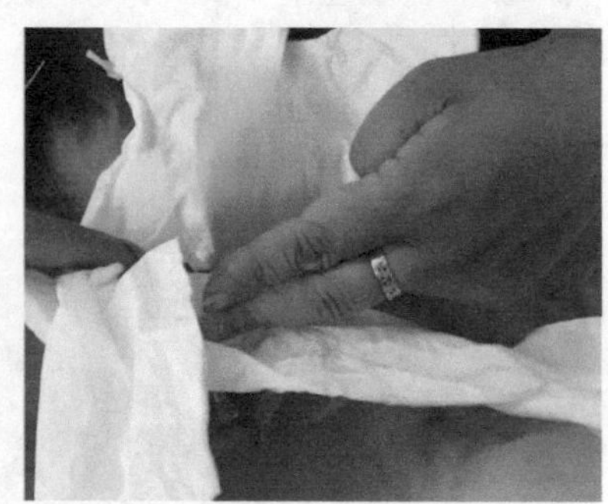

图2-6-21 用纸巾将要定型的毛发与其他毛发隔开

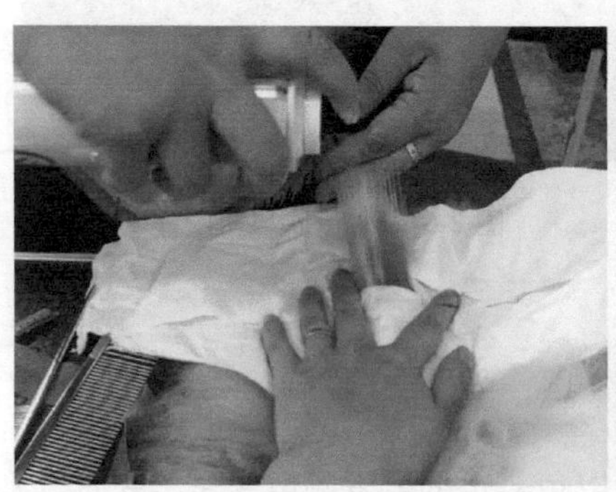

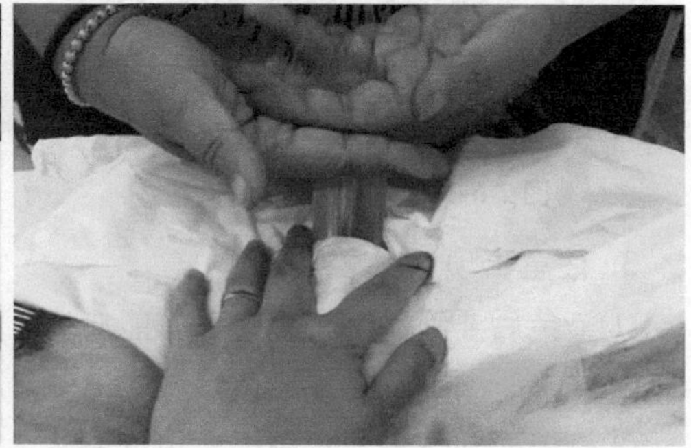

图2-6-22 喷胶定型

③修剪出花瓣和叶子的造型。用剪刀将花瓣的形状修剪出，然后按照整体造型，把绿色的部分根据区域剪出叶子的形状，完成染色(图2-6-23)。

图 2-6-23　完成染色

3. 注意事项

①务必把需要定型的毛发与其他毛发隔离开，防止定型胶喷到其他毛发上，影响接下来的操作。

②做花瓣时，毛发不能太厚，否则定型胶喷不透，难定型。

③喷定型胶时，应注意定型胶的使用量，不要太多，否则难干，不好定型。

思考与讨论

1. 为什么要染色?
2. 简述染色环节的操作步骤。
3. 简述染色环节的注意事项。
4. 简述冲洗、吹干环节的注意事项。

考核评价

一、技能考核评分表

序号	考核项目	测评人			综合成绩
		自我评价（15%）	小组互评（25%）	教师评价（60%）	
1	染色操作程序				
2	染色效果				
总成绩					

二、情感态度考核评分表

序号	考核项目	测评人			综合成绩
		自我评价（15%）	小组互评（25%）	教师评价（60%）	
1	团队合作能力				
2	组织纪律性				
3	职业意识性				
总成绩					

三、考核内容及评分标准

考核内容	考核项目	评分标准	分值（分）
技能	染色操作程序	程序衔接流畅，工具使用正确	30
		程序衔接不流畅	18
		程序出错，各步骤衔接有错	0
	染色效果	图案比例合适，颜色搭配协调，富有美感	40
		图案比例较合适，颜色搭配较协调	24
		图案比例不合适，颜色搭配不协调	0
情感态度	团队合作能力	积极参加小组活动，团队合作意识强，组织协调能力强	10
		能够参与小组课堂活动，具有团队合作意识	6
		在教师和同学的帮助下能够参与小组活动，主动性差	0
	组织纪律性	严格遵守课堂纪律，无迟到或早退，不打闹，学习态度端正	10
		遵守课堂纪律，有迟到或早退现象，有时做与课程无关的事情，学习态度较好	6
		不遵守课堂纪律，迟到或早退，做与课程无关的事情，且不听教师劝阻，态度差	0
	职业意识性	有较强的安全意识、节约意识、爱护动物的意识	10
		安全意识较差，固定姿势有3处错误，节约意识不强	6
		安全意识较差，固定姿势有5处错误，节约意识差	0

参考文献

北堀朝治，佐佐佳吴子，岛本彩惠，2018．犬美容国际标准教程[M]．北京：中国农业科学技术出版社．

本・斯通，珀尔・斯通，2002．犬美容指南[M]．李春旺，等译．沈阳：辽宁科学技术出版社．

毕聪明，曹授俊，2008．宠物养护与美容[M]．北京：中国农业科学技术出版社．

曹授俊，钟耀安，2010．宠物美容与养护[M]．北京：中国农业大学出版社．

福山英也，中野・博，金子辛一，2007．家犬美容师的忠告[M]．南京：江苏科学技术出版社．

劳动和社会保障部教材办公室和上海职业培训指导中心，2007．宠物健康护理员[M]．北京：中国劳动社会保障出版社．

秦豪荣，吉俊玲，2008．宠物饲养[M]．北京：中国农业大学出版社．

日本养犬俱乐部，2005．最新犬美容护理手册[M]．桃园：台湾广研印刷社．

苏・达拉斯，戴安娜，诺斯，等，2008．宠物美容师培训教材[M]．沈阳：辽宁科学技术出版社．

孙若雯，2006．宠物美容师(初级、中级)岗位培训教程[M]．北京：中国劳动社会保障出版社．

汤小朋，王敏，2004．犬猫美容7日通[M]．北京：中国农业出版社．

王艳立，马明筠，2016．宠物美容与护理[M]．北京：化学工业出版社．

谢慧胜，张立波，2000．实用宠物百科[M]．北京：农村读物出版社．

叶俊华，范泉水，周士兵，2010．中外名犬品种标准[M]．沈阳：辽宁科学技术出版社．

伊夫・亚当森，桑迪・罗斯，2007．宠物狗美容[M]．铁金涛，译．北京：北京体育大学出版社．

张江，2008．宠物护理与美容[M]．北京：中国农业出版社．

张祥，2001．爱猫的饲养、训练及疾病防治[M]．成都：四川人民出版社．

周斌，周明容，刘炜，等，2004．爱犬养护500问[M]．上海：上海科学技术出版社．